工业和信息化精品系列教材

工业互联网

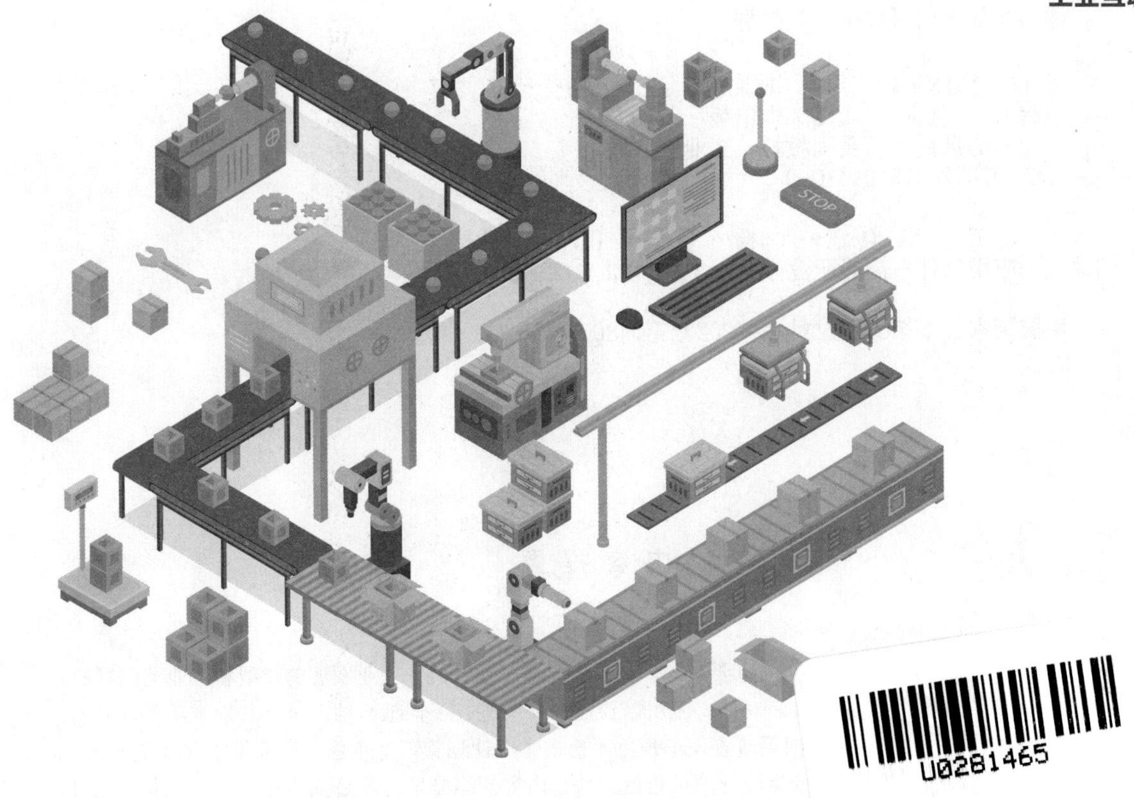

工业软件MES基础应用

微课版

北京新大陆时代科技有限公司◎组编

汪应 杨莹 伍小兵◎主编

张丽 吴燕 王力◎副主编

人民邮电出版社

北京

图书在版编目（CIP）数据

工业软件MES基础应用 : 微课版 / 汪应，杨莹，伍小兵主编. -- 北京 : 人民邮电出版社，2023.7
工业和信息化精品系列教材. 工业互联网
ISBN 978-7-115-61410-0

Ⅰ. ①工… Ⅱ. ①汪… ②杨… ③伍… Ⅲ. ①工业控制系统－应用软件－高等职业教育－教材 Ⅳ. ①TP273

中国国家版本馆CIP数据核字(2023)第048007号

内 容 提 要

MES 是实现生产制造数字化的重要系统，有助于推进产业升级、工业发展的转型和工业互联网的互通互联。本书对 MES 的定义、功能、应用以及插件开发进行了详细介绍。全书共六个项目，分别为：认识工业软件和 MES、扮演系统管理员角色、扮演生产计划管理员角色、扮演供应管理员角色、扮演仓库管理员角色、扮演系统运维管理员角色。项目内容的编排采用项目描述—任务—思考与练习的方式。通过对本书知识的学习和实践，读者能系统性地理解 MES 的概念和作用，掌握 MES 的基础应用。

本书可作为职业院校传统工程技术类专业、信息类专业、工业互联网相关专业的教材，也可作为相关企业的培训教材，还可作为工程技术人员的参考书。

◆ 主　　编　汪　应　杨　莹　伍小兵
　副 主 编　张　丽　吴　燕　王　力
　责任编辑　刘晓东
　责任印制　王　郁　焦志炜

◆ 人民邮电出版社出版发行　　北京市丰台区成寿寺路 11 号
　邮编　100164　　电子邮件　315@ptpress.com.cn
　网址　https://www.ptpress.com.cn
　三河市君旺印务有限公司印刷

◆ 开本：787×1092　1/16
　印张：10.5　　2023 年 7 月第 1 版
　字数：267 千字　　2023 年 7 月河北第 1 次印刷

定价：49.80 元

读者服务热线：(010)81055256　印装质量热线：(010)81055316
反盗版热线：(010)81055315
广告经营许可证：京东市监广登字 20170147 号

前言

党的二十大报告提出："推进新型工业化，加快建设制造强国"和"推动制造业高端化、智能化、绿色化发展"。工业软件是指在工业领域里应用的软件，包括系统、应用、中间件、嵌入式类型等。工业软件一般被划分为编程语言、系统软件、应用软件以及介于系统软件和应用软件之间的中间件。工业软件广泛应用于工业领域各个要素和环节，与业务流程、工业产品、工业装备密切结合，全面支撑企业的研发设计、生产制造、经营管理等活动，是信息化和工业化的融合剂。在推进工业化和信息化融合、产业升级、新型工业化、工业发展转型等国家战略的道路上，工业软件都扮演着极为重要的角色。

MES 是一个车间级的管理系统，负责承接 ERP 系统下达的生产计划，根据车间需要制造的产品或零部件的各类制造工艺，以及生产设备的实际状况进行科学排产，并具有生产追溯、质量信息管理、生产报工、设备数据采集等闭环功能。生产制造中的"人、机、料"等生产主体和对象，以及生产过程中的其他生产要素通过数据链接在一起，要将这些生产要素融入工业互联网，需要先将实体对象、生产活动和管理活动数字化，应用 MES 则是最重要的数字化环节之一。

2019 年，国务院发布《国务院关于印发国家职业教育改革实施方案的通知》，明确从 2019 年开始，在职业院校、应用型本科高校启动"学历证书+若干职业技能等级证书"制度试点（1+X 证书制度试点）工作。1+X《制造执行系统实施与应用职业技能等级标准》中对高级职业技能的要求为：面向制造执行系统开发、集成、应用等企业，从事生产管理、系统开发与应用等工作，能搭建与优化制造执行系统环境、分析生产数据、优化生产过程管理流程、扩展系统页面接口。本书涵盖 MES 的应用、开发等知识和技能，在内容设置方面与职业技能要求高度契合。

本书对 MES 的定义、功能、应用以及插件的开发进行了详细介绍，全书共六个项目。项目 1 主要介绍工业软件的发展背景以及 MES 的基本应用，项目 2 讲解如何使用 MES 进行基础数据、产品数据以及工艺数据的管理，项目 3 讲解如何使用 MES 进行生产计划的制订、生产执行跟踪以及生产分析，项目 4 讲解如何使用 MES 进行采购订单的管理、物料需求的管理，项目 5 讲解如何使用 MES 进行托盘管理、仓库管理，项目 6 讲解如何进行 MES 的部署、设备管理插件的开发等。

由于编者水平有限，书中难免有不妥之处，恳请读者批评指正。

编　者

2023 年 4 月

目　录

项目1 认识工业软件和 MES

项目描述

工业软件是工业技术软件化的结果，是智能制造、工业互联网的核心内容，是工业化和信息化深度融合的重要支撑，是推进我国工业化进程的重要软件。制造执行系统（Manufacturing Execution System，MES）即生产制造过程中的执行管理软件，是一套面向制造企业车间执行层的生产信息化管理系统。本项目一方面通过文字、图片和视频（视频以二维码呈现）等形式向学生讲解工业软件和 MES 的理论知识，另一方面通过对 MES 的介绍向学生讲解其基本操作，让学生对 MES 有一个初步的认识。

任务 1.1 工业软件和 MES 概述

1.1.1 职业能力目标

- 能根据功能需求，对工业软件和 MES 有初步的认识。

1.1.2 任务要求

- 根据对理论知识的学习，了解工业软件的定义、基本特征、分类以及发展趋势。
- 根据对理论知识的学习，了解 MES 的定义、体系构成、标准制订、功能定位以及发展前景。
- 掌握 MES 的基本操作。

1.1.3 知识链接

1. 工业软件

（1）工业软件的定义

工业软件是新一代信息技术的灵魂，是数字经济发展的基础，是制造强国、网络强国、数字中国建设的关键支撑。目前，业界对工业软件概念的界定还没有统一，缺乏标准描述，存在多定义现象。

根据中国工业技术软件化产业联盟的调研结果，业界的基本共识是工业软件是工业技术软件化的成果。《工业技术软件化白皮书（2020）》中关于工业技术软件化的定义是工业技术软件化是一种充分利用软件技术，实现工业技术、知识的持续积累、系统转化、集智应用、泛在部署的培育和发展过程，其成果是产出工业软件，推动工业进步。

《中国工业软件产业白皮书（2020）》对工业软件的较为全面的描述是：工业软件是工业技术/知识、流程的程序化封装与复用，能够在数字空间和物理空间定义工业产品和生产设备的形状、结构，控制其运动状态，预测其变化规律，优化制造和管理流程，变革生产方式，提升全要素生产率，是现代工业的"灵魂"。

（2）工业软件的基本特征

① 工业软件是工业技术/知识的"容器"。

工业软件是工业技术/知识的最佳"容器"，其源于工业领域的真实需求，是对工业领域研发、工艺、装配、管理等工业技术/知识的积累、沉淀与高度凝练。工业软件可以极大增强工业技术/知识的可复用性，有效提升和增加工业经济的规模与效益。

② 工业软件是对模型的高效最优复用。

工业软件中的常用模型为机理模型和数据分析模型。一般来说，机理模型是根据对象、生产过程的内部机制或者物质流的传递机理建立起来的精确数学模型。机理模型表达明确的因果关系，是工业软件中最常用的模型。数据分析模型是在大数据分析中通过降维、聚类、回归、关联等方式建立起来的逼近拟合模型。

③ 工业软件是现代化工业水平的体现。

一方面，现代化工业水平决定了工业软件的先进程度。工业软件是植根于工业基础发展起来的，脱离了工业的工业软件只能是无根之木，工业生产工艺、设备等各方面的发展程度决定了工业软件的发展程度。另一方面，工业软件的先进程度决定了工业生产效率的水平。现代化工业离不开工业软件全过程自动化和数字化的研发、管理和控制，工业软件是提升工业生产力和生产效率的手段，是制造业精细化和产业基础高级化的技术保证，是推动智能制造、工业互联网高质量发展的核心要素和重要支撑。

④ 工业软件是先进软件技术的融合。

工业软件不仅仅是先进工业技术的集中展现，更是各种先进软件技术的交汇融合。无论是软件工程、软件架构、开发技巧、开发环境，还是图形引擎、约束求解器、图形交互技术、知识库、算法库、模型库、过程开发语言、编译器、测试环境乃至硬件等，都会影响工业软件的发展。

⑤ 工业软件对可靠性和安全性的要求极高。

工业软件作为生产力工具服务于工业产品的研制和运行，在功能、性能、效率、可靠性、安全性和兼容性等方面有着极高的要求。合格的工业软件产品应具备功能正确、性能好、效率高、

可靠性强、数据互联互通等特点。因此，为研发出合格的工业软件产品，需要针对工业软件全生命周期构建测试验证体系，确保工业软件产品的质量。

⑥ 工业软件研发时间长、成本高，难以复制。

工业软件研发不同于一般意义上的软件研发，工业软件的研发难度大、体系设计复杂、技术门槛高、硬件开销大，加上复合型研发人才紧缺、对可靠性的要求较高，所以其研发周期长、迭代速度慢。此外，工业软件的研发投入非常高，超高额的研发投入构成了较高的行业壁垒，短时间内工业软件巨头很难被超越。

（3）工业软件的分类

就工业软件本身而言，由于工业门类复杂，脱胎于工业的工业软件种类繁多，分类维度和方式一直呈现多样化趋势，目前国内外均没有公认、适用的统一分类方式。目前，工业软件无论是在功能上还是在门类上，都发展迅速。原本的特定领域工具型软件已从狭义概念向工具链上下游和端到端的全生命周期软件方向演进，进而发展为“数字工业软件平台”。

常见的工业软件分类如下。

① 国家标准提出的工业软件分类方法。

GB/T 36475—2018 中，将工业软件（F 类）分为工业总线、计算机辅助设计、计算机辅助制造等九大类，如表 1-1 所示。

表 1-1　GB/T 36475—2018 中的工业软件分类

分类号	软件名称	说明
F.1	工业总线	偏嵌入式/软件，用于将多个处理器和控制器集成在一起，实现相互之间的通信，包括串行总线和并行总线
F.2	计算机辅助设计（Computer Aided Design，CAD）	采用系统化工程方法，利用计算机辅助设计人员完成设计任务的软件
F.3	计算机辅助制造（Computer Aided Manufacturing，CAM）	利用计算机对产品制造作业进行规划、管理和控制的软件
F.4	计算机集成制造系统	综合运用计算机信息处理技术和生产技术，对制造型企业经营全过程（包括市场分析、产品设计、计划管理、加工制造、销售服务等）的活动、信息、资源、组织和管理进行总体优化与组合的软件
F.5	工业仿真	模拟将实体工业中的各个模块转换成数据整合到一个虚拟的体系，模拟实现工业作业中的每一项工作和流程，并与之实现各种交互的软件
F.6	可编程逻辑控制器（Programmable Logic Controller，PLC）	采用一类可编程的存储器，用于其内部存储程序，执行逻辑运算、顺序控制、定时、计数与算术操作等面向用户的指令，并通过数字或模拟式输入/输出控制各种类型的机械或生产过程的软件
F.7	产品生命周期管理（Product Lifecycle Management，PLM）	支持产品信息产品全生命周期内的创建、管理、分发和使用的软件
F.8	产品数据管理（Product Data Management，PDM）	用来管理所有与产品相关的信息（包括零件、配置、文档、CAD 文件、结构、权限等信息）和所有与产品相关的过程（包括过程定义和管理）的软件
F.9	其他工业软件	不属于上述类别的工业软件

② 基于产品生命周期的聚类分类方法。

通常情况下，工业软件可以按照产品生命周期的阶段或环节，大致划分为研发设计类软件、生产制造类软件、运维服务类软件和经营管理类软件，这是业界中一种较为常用的聚类划分方法，如表 1-2 所示。

表 1-2 将工业软件按照聚类的方法划分

软件类型	软件与系统
研发设计类	计算机辅助设计、计算机辅助工程（Computer Aided Engineering，CAE）、计算机辅助工艺过程设计（Computer Aided Process Planning，CAPP）、产品数据管理、产品生命周期管理、电子设计自动化（Electronic Design Automation，EDA）等
生产制造类	可编程逻辑控制器、分布式数控（Distributed Numerical Control，DNC）、分散控制系统（Distributed Control System，DCS）、数据采集与监视控制系统（Supervisory Control And Data Acquisition，SCADA）、高级规划与排程系统（Advanced Planning and Scheduling，APS）、环境管理体系（Environmental Management System，EMS）、MES 等
运维服务类	资产性能管理（Asset Performance Management，APM）、维护维修运行（Maintenance, Repair & Operation，MRO）管理、故障预测与健康管理（Prognostics and Health Management，PHM）等
经营管理类	企业资源计划（Enterprise Resource Planning，ERP）、供应链管理（Supply Chain Management，SCM）、客户关系管理（Customer Relationship Management，CRM）、人力资源管理（Human Resource Management，HRM）、企业资产管理（Enterprise Asset Management，EAM）、知识管理（Knowledge Management，KM）等

（4）工业软件的发展趋势

产业革命驱动工业发展，工业发展需求促进工业软件的诞生，工业软件推动工业进步。网络化、数字化、智能化仍将是未来 5~10 年的技术主线，也是工业软件的发展方向。当前正处于工业软件技术变革的新时代，也是我国工业软件后来居上的历史机遇期。网络化推动工业软件走向云端化、协同化、共享化；数字化是工业软件发展的核心，产品数字化与数字化交付、过程数字化与数字化转型需要新一代工业软件提供技术支撑；智能化是工业软件发展的未来，而工业智能化一定是以数字化为坚实基础的。

① 从技术趋势来看，工业软件逐步走向集成化、平台化、智能化。

设计、制造、仿真等技术的一体化趋势推动工业软件的集成化发展；系统级多学科、多工具融合推动工业软件的平台化发展；AI、VR 等新技术日益成熟，推动工业软件的智能化发展。

② 从开发模式来看，工业软件逐步走向标准化、开放化、生态化。

多产品互联互通推动工业软件逐步走向标准化，多主体协作趋势推动工业软件走向开源与开放，行业巨头推动云的生态化开发并加快服务化转型，中小型企业拉动工业软件走向轻量化。

③ 从市场应用来看，工业软件逐步走向工程化、大型化、复杂化。

应用场景行业化要求工业软件有更高的工程化能力，应用场景多样化推动工业软件日趋大型化、复杂化。

④ 从服务方式来看，工业软件逐步走向定制化、柔性化、服务化。

需求多样化促进工业软件开发企业提升定制化设计、柔性化生产和高效服务的能力。通过软件工程服务来体现专业价值并在特定用户身上产生黏性，是工业软件开发企业不断挖掘用户潜在价值和提高利润的主要途径和模式。信息技术服务正在从简单的工业软件产品销售转换为个性化的定制服务，服务不仅包括应用开发工程本身，还涵盖分析工业数据、抽象机理

模型等。

2. MES 概述

（1）MES 的定义

在以往的企业上层管理系统与底层控制系统的信息交互过程中，由于车间异常事件时常发生，管理系统在生产计划过程中不能有效掌握车间生产资源的实时状态，使得控制系统在生产过程中得到的作业计划不能实施。上层的管理人员和底层的操作人员不能实时地确定产品的信息，对产品的库存不能进行有效的控制，用户也无法知道订单的执行状态。鉴于此，1990 年 1 月，美国先进制造研究机构 AMR（Advanced Manufacturing Research）提出了 MES 的概念。

MES 是面向车间的管理技术与实时信息系统，可使车间上层计划管理系统和底层控制系统之间的信息孤岛有效地联系起来，从而填补计划层和控制层之间的空隙，保证信息流在企业中的连续性。

截至目前，人们对 MES 还没有统一的定义。而具有代表性的是制造执行系统协会（Manufacturing Execution System Association，MESA）的定义：MES 能通过信息传递对从订单下达到产品完成的整个生产过程进行优化管理。当车间发生实时事件时，MES 能及时做出反应、进行报告，并用当前的准确数据对它们进行指导处理。这种对状态变化的迅速响应使 MES 能够减少企业内部没有附加值的活动，有效指导车间的生产运作过程，从而使其既能提高车间的及时交货能力，改善物料的流通性能，又能提高生产回报率。MES 还能通过双向的直接通信在企业内部和整个产品供应链提供有关产品行为的关键任务信息。

此外，MES 还有以下两种基于不同角度的定义。

从架构角度来看，MES 处于制造企业计划层与控制层之间的执行层，是企业资源计划系统和设备控制系统之间的桥梁和纽带，是制造企业实现敏捷化和全局优化的关键系统。

从指标角度来看，MES 在制造（生产）过程中的管理作用是把企业中有关产品的质量、产量、成本等综合生产指标目标值转换为制造过程中的作业计划、作业标准和工艺标准，从而产生合适的控制指令和生产指令，驱动设备控制系统使生产线在正确的时间完成正确的动作，生产出合格的产品，从而使实际的生产指标处于综合生产指标的目标值范围。

（2）MES 的体系构成

MES 在 1990 年由 AMR 提出并应用，它是将制造业管理系统［如制造资源计划（Manufacture Resource Planning，MRP Ⅱ）、ERP、SCM 等］和控制系统（如 DCS、SCADA、PLC 等）集成在一起的执行系统，位于管理层与控制层之间的中间层。根据数据标准化、功能组件化和模块化原则，MESA 在 1997 年提出了著名的 MES 功能组件和集成模型。

- 生产资源分配与监控。
- 作业计划和排产。
- 工艺规格标准管理。
- 数据采集。
- 作业员工管理。
- 产品质量管理。
- 过程管理。
- 设备维护。
- 绩效分析。

- 生产单元调度。
- 产品跟踪。

AMR 把遵照这 11 个功能模块的 MES 整体解决方案称为 MESⅡ（Manufacturing Execution Solution）。

（3）MES 的标准制订

MES 是一个庞大的系统，在实施过程中操作难度大、成本高、成功率低，没有成熟的基本理论作支撑，这主要表现在以下几个方面。

- 没有统一的管控系统集成技术术语，也没有信息对象模型和信息流的基本使用方法。
- 用户、设备供应商、系统集成商三者之间的需求交流困难。
- 不同的硬件系统、软件系统之间集成困难，集成后维护困难。

为了解决这些问题，需要在 MESⅡ的基础上研究和开发相应的 MES 应用技术标准，用于描述和标准化这类软件系统。

ISA-95 是企业系统与控制系统集成国际标准，由国际自动化学会（International Society of Automation，ISA）在 1995 年投票通过。该标准后来被采纳为国际标准（ISO/IEC 62264），在我国被采纳为 GB/T 20720 标准。ISO/IEC 62264 定义了公认的 MES 标准基本框架，国际上主流的 MES 产品基本上都遵循 ISO/IEC 62264 标准。MES 标准的制订历程如图 1-1 所示。

在 ISO/IEC 62264 标准中，制造运行管理被描述为四大范畴：生产运行管理、库存运行管理、质量运行管理和维护运行管理。制造运行管理以生产运行管理为主线展开，其他四个范畴以及车间外的管理模块（如订单处理、成本核算、研究开发等）都是为生产运行管理提供支持的。生产运行管理的八大活动分别是：生产资源管理、产品定义管理、详细生产调度、生产分派、生产执行管理、生产数据采集、生产绩效分析和生产跟踪，如图 1-2 所示。

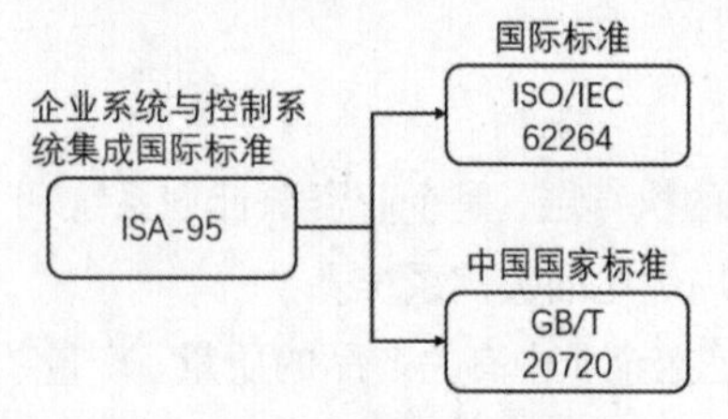

图 1-1　MES 标准的制订历程

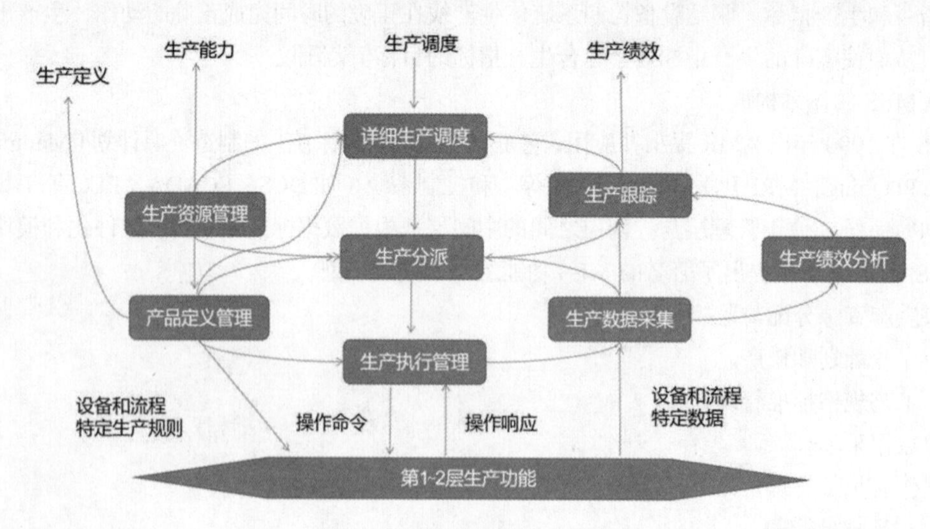

图 1-2　生产运行管理的八大活动

生产资源管理：提供制造系统相关资源的一切信息，包括人员、设备、工装、物料和过程段；向业务管理系统（如 ERP）报告当前有哪些资源可用。生产资源管理框架如图 1-3 所示。

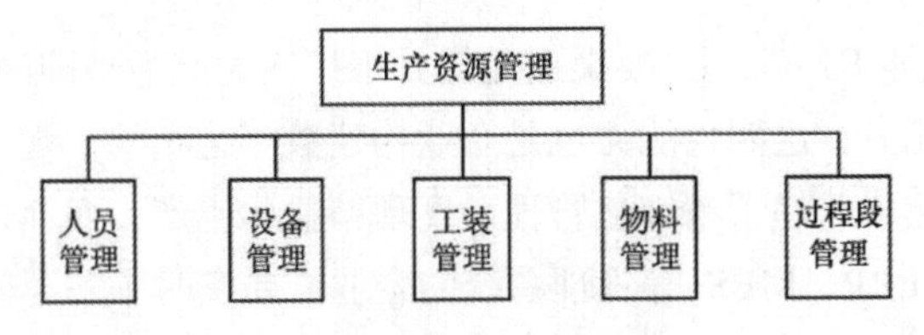

图 1-3　生产资源管理框架

产品定义管理：通过 ERP 获取产品的定义信息，以及如何生产一个产品的相关信息；管理与新产品相关的活动，包括一系列定义好的产品段。

详细生产调度：根据业务系统下达的生产订单，基于人员、设备、物料和当前生产任务的状况，完成排产（安排生产顺序）和排程（安排生产时间）的任务，并回答用什么、做什么的问题。

生产分派：将生产作业计划分解成作业任务后派发给人员或设备，启动产品生产过程，并控制工作量。

生产执行管理：此活动的任务是保证分派的作业任务得以完成。对于全自动化设备，由生产控制系统（Production Control System，PCS）执行；对于人工或半自动生产过程，需要通过扫码、视觉监测等方式来判断任务是否完成。此外，本活动还负责生产过程的可视化。

生产数据采集：利用 PCS 采集传感器读数、设备状态、事件等数据，或利用扫码枪采集数据，或利用键盘、触摸屏等设备手动输入数据。

生产绩效分析：用产品分析、生产分析、过程分析等手段对数据进行分析，确保生产过程顺利进行并不断优化生产过程。

生产跟踪：跟踪生产过程，包括获取物料移动、过程段的启停时间等信息。可以归纳为如下信息：人员、设备和物料，成本和绩效分析结果，产品谱系，向业务系统报告做了什么和生产了什么。

ISO/IEC 62264 标准只定义了 MES 的基本框架，开发商在此框架下根据行业和产品特征开发的 MES 产品各不相同。目前还没有适合所有场景的标准 MES 产品，甚至没有针对某个行业的标准 MES 产品。

（4）MES 的功能定位

企业生产管理过程一般可抽象为三个层次：计划层、执行层和控制层。计划层按照客户订单、库存和市场预测的情况，安排生产和组织物料；执行层按照计划层下达的生产计划、物料以及控制层的情况，制订车间作业计划，安排控制层的加工任务；当出现生产计划变更、机器发生故障、产品加工品质不佳等问题时，执行层对作业计划进行调整，以保证生产过程正常进行。执行层处于企业生产管理过程的计划层与控制层之间，含有大量的信息传递、信息交互与信息处理过程。企业信息化三层结构模型如图 1-4 所示。

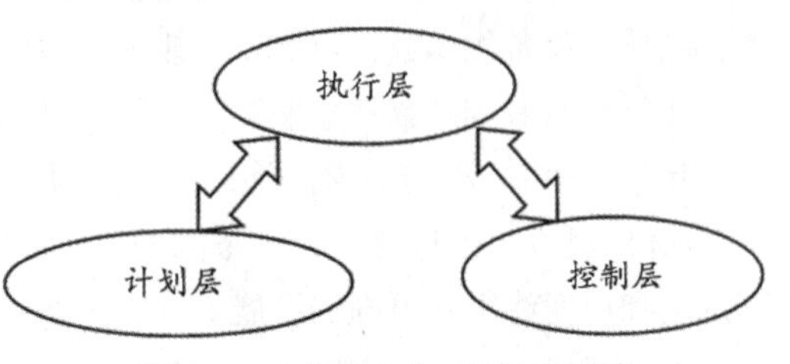

图 1-4　企业信息化三层结构模型

在企业信息化三层结构模型中，MES 在计划层与控制层之间架起了一座桥梁，实现了两者之间的链接。通过 MES 把生产计划与车间作业的现场控制联系起来，解决了上层生产计划管理与底层生产过程之间脱节的问题，使企业生产计划的执行过程透明化，为企业快速响应市场需求奠定了基础。

实施 MES 打造“智能工厂”的主要渠道是提升工厂四大能力，即网络化能力、透明化能力、无纸化能力以及精细化能力，这四大能力也是企业构建数字化车间、智能工厂的目标。

从本质上讲，企业越来越趋于精细化管理，实现精益化生产，而 MES 可以提升智能工厂的精细化能力。已经具备 ERP、MES 等管理系统的企业需要实时了解车间底层设备的状态信息，MES 通过实时监控车间设备和生产状况，可以提升智能工厂的透明化能力，实现智能工厂的网络化。另外，MES 采用的 PDM、PLM、CAPP 等技术可以提升智能工厂的无纸化能力。当然，这些能力都需要 MES 先对工厂各个环节的生产数据进行实时采集，对数据进行跟踪、管理与统计分析，从而进一步帮助企业实现工厂生产的网络化、透明化、无纸化以及精细化。

（5）MES 的发展前景

当前，MES 主要在流程类型以及离散类型等制造企业中应用，另外在通信、电子以及化工等行业也有广泛的应用，并且取得了较为理想的效果。目前，发达国家的 MES 应用已经实现了产业化，应用范围也在不断扩大，为生产制造企业带来了巨大的经济效益。调查显示，当企业运用 MES 后，会在很大程度上缩短产品的生产周期，也使产品的生产质量得到了保证和提升。同时，MES 也是企业现阶段制造过程中的管理与控制系统，由于在制造过程中，其控制对象具有一定的复杂性，因此 MES 的应用形态也存在较大的差异，这些客观因素使得 MES 的应用具有多样性的特点。由于 MES 具有多样性特点，因此现阶段我国市场研究 MES 的空间更加广阔，商机更大。总体来看，我国对 MES 的开发和应用还落后于一些西方发达国家，需要进一步加大对 MES 的研究和开发力度。

MES 是工业软件的核心，随着我国制造强国战略的推行以及产业升级需求的增长，MES 在未来我国市场的应用空间十分广阔。MES 的未来发展情况如下。

① 实时性。从理论上说，一个 MES 必须能够及时处理车间大量的实时数据，并能够控制复杂的生产过程。它不仅需要获取这些数据，而且需要分析这些数据。当车间发生异常事件时，MES 要在短时间内做出回应。新一代 MES 应具备更精确的过程状态跟踪能力，可实时获取更多的数据以及更准确、更及时、更方便地进行生产与控制，并具有融合多源信息、处理复杂信息与快速决策的能力。

② 智能性。当前的 MES 大多只提供一个代替管理方式的系统平台，并通过大量的人工干预来控制生产过程。这是因为 MES 所涉及的信息以及决策过程非常复杂，以现有的方式难以保证生产过程的高效性和准确性。随着人工智能的发展，MES 将具有人工智能决策功能，能够根据实时数据进行及时的智能辅助决策。

③ 集成性。新型 MES 的集成范围更广，能覆盖整个企业的所有业务流程，通过 MES 与物流、品质、设备的集成，可真正实现 MES 的开放、可配置、易维护等性能。

④ 将 MES 与新兴科学联系。目前，MES 在理论研究和具体实施方面已取得不少成绩。但是近些年来，随着云制造、物联制造、制造业服务化、网络化以及德国工业 4.0 等概念的提出和应用，MES 已经不是以往在单一车间的执行系统。在各种新概念不断被提出的环境下，MES 的研究深度和广度将得到更好的扩展。

综上所述，制造业应用 MES 可以使生产管理与配置、变更工作的展开取得更加理想的效果。MES 不仅可以帮助企业完成信息化建设，还可以帮助企业提高车间生产效率，使能源的消耗得到有效降低。目前来看，我国对 MES 的研究和开发还处于成长阶段，如何选择合适的开发工具是我国企业开发及应用 MES 的重要问题。企业应保证所开发的系统与自身的发展情况相符，并且

要保证所开发的MES达到国际标准，从而使企业在行业竞争中占据有利地位。

1.1.4　任务实施

1. 认识工业软件

（1）研发设计类工业软件

研发设计类工业软件以CAD、CAE、PLM为代表，其主要作用是提升企业在产品研发工作领域的能力和效率。这类软件具有体量小、集中度高、开发难度大、开发周期长、资金需求高等特征，是工业软件中非常重要的一个类别。

① CAD。

CAD利用计算机及其图形设备帮助设计人员进行设计工作，它使用自动化的流程代替手动制图的过程。目前，许多行业都在使用CAD进行设计，如景观设计、桥梁设计、办公建筑设计、影片和动画制作等。CAD用传统的三视图来表现零件，以图纸为媒介进行技术交流，是一种二维的计算机绘图技术。CAD制图示例如图1-5所示。

② CAE。

CAE利用计算机辅助求解分析复杂工程和产品的结构力学性能、优化结构性能等，把工程（生产）的各个环节有机地组织起来，其关键就是将有关联的信息集成在一起，使它们存在于工程（产品）的整个生命周期。使用CAE软件可做静态结构分析、动态分析，可研究线性、非线性问题，可分析结构（固体）、流体、电磁等。图1-6为CAE车身强度分析。

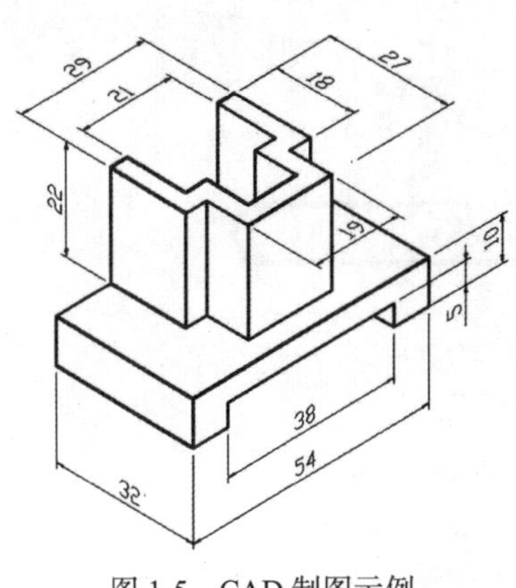

图1-5　CAD制图示例

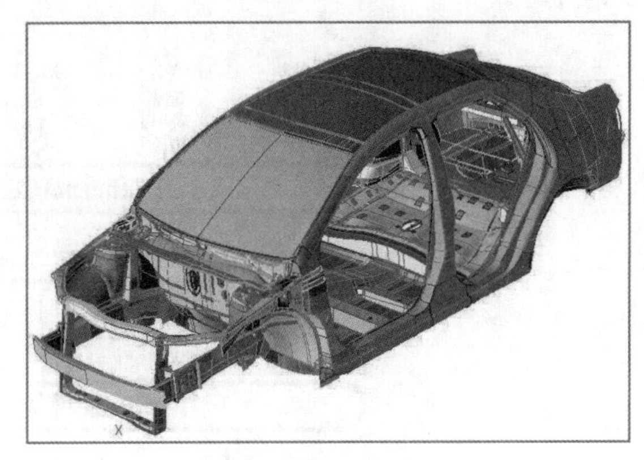

图1-6　CAE车身强度分析

③ PLM。

PLM在PDM技术的基础上发展而来。PLM既是软件也是服务，通过实施一整套业务解决方案，把人、过程和信息有效地集成在一起，作用于整个企业，遍历产品的全生命周期，支持与产品相关的协作研发、管理、分发以及产品定义信息的使用。图1-7为PLM的功能架构。

（2）生产制造类工业软件

生产制造类工业软件主要用于在工业产品的生产和制造过程中进行数据采集、数据分析和决策，负责生产管理、物料管理、质量管理、设备管理、能耗管理等。在工业软件中，生产制造类工业软件的市场规模大、占比最高。

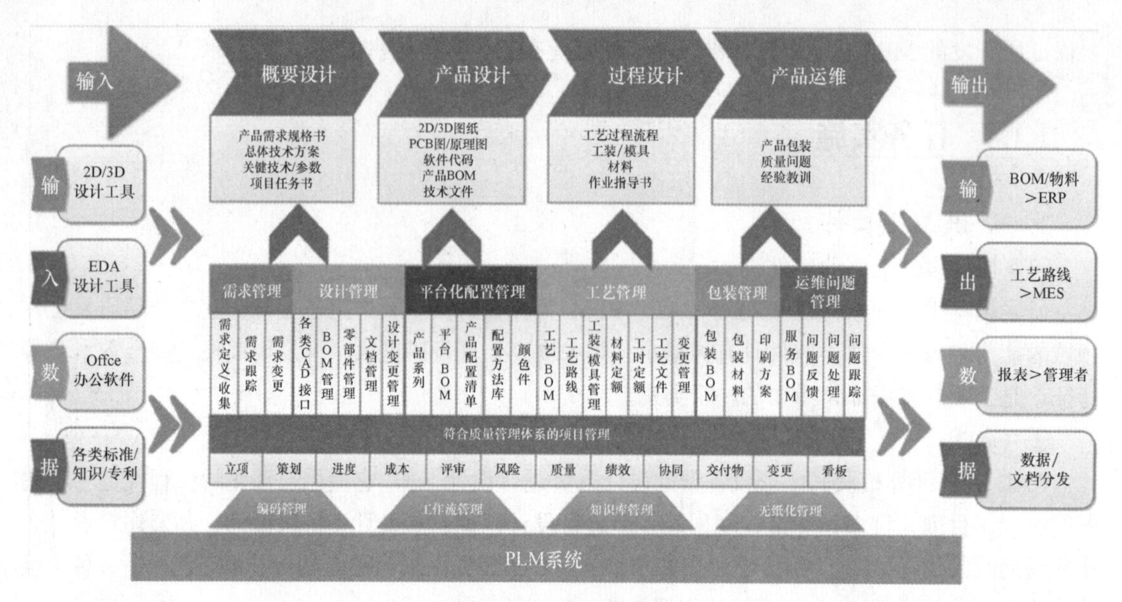

图 1-7　PLM 的功能架构

① DCS。

DCS 是以微处理器为基础，采用控制功能分散、显示操作集中、兼顾分而自治和综合协调的设计原则的新一代仪表控制系统。它基于控制分散、操作和管理集中的基本设计思想，采用多层分级的结构形式。DCS 架构如图 1-8 所示。DCS 在电力、冶金、石化等行业都获得了广泛的应用。

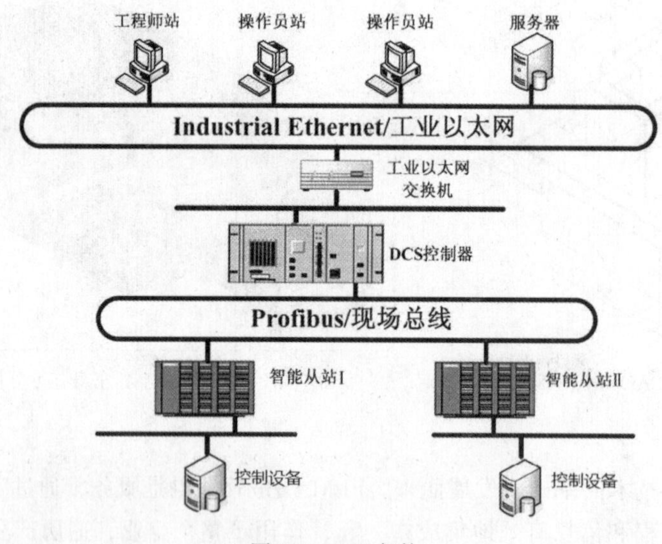

图 1-8　DCS 架构

② MES。

MES 是位于上层的计划管理系统与底层的工业控制系统之间的面向生产制造的信息管理系统。MES 可优化整个生产制造过程，而不是单一地解决某个生产问题。MES 需要与计划层和控制层进行信息交互，通过企业的连续信息流来实现企业信息全集成。MES 的功能包括：生产执行及排产、设备联网及管理、工艺及运行数据管理、模具管理及质量管理等。

（3）经营管理类工业软件

经营管理类工业软件的作用是管理和协作。国内外的经营管理类工业软件从功能性来讲并无差异。由于国外厂商本身创建得更早，下游客户体量更庞大、业务更复杂，因此国外厂商的软件更适用于超大企业、跨国企业。而国内厂商的软件更轻量级，目标客户体量更小，优点是项目实施周期更短，配合实施所需的人力也更少。经营管理类工业软件在中低端市场中的占有率高，已经出现金蝶、用友等代表厂商。

① ERP。

ERP 是一个对企业资源进行有效共享与利用的系统，它通过信息系统对信息进行充分整理、有效传递，使企业的资源在购、存、产、销、人、财、物等方面能进行合理配置与利用，提高企业经营效率。ERP 的主要功能如图 1-9 所示。

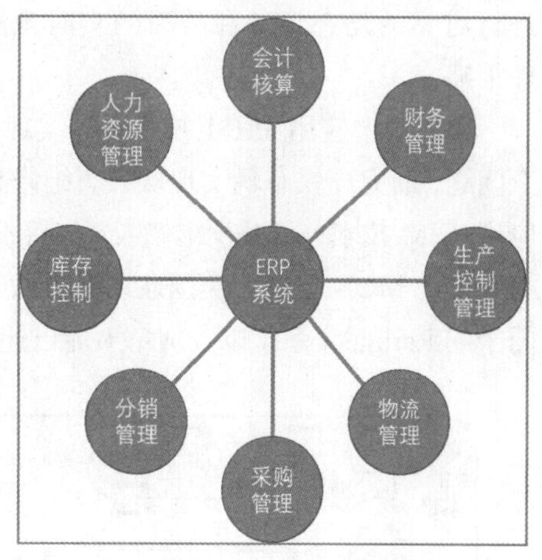

图 1-9 ERP 的主要功能

② CRM。

CRM 以客户数据的管理为核心，可帮助企业与客户的联系信息处于最新状态，跟踪他们与企业的每次交互并管理他们的账户。CRM 系统以建立、发展和维护客户关系为主要目的。CRM 系统的本质是吸引客户，留住客户，实现客户利益的最大化。CRM 系统的目标是帮助企业发展客户关系，推动业务增长并提高客户忠诚度。

CRM 系统是一种以信息技术为手段，能有效提高企业收益、客户满意度、雇员生产力的具体软件和实现方法。它通过对客户与企业的历史数据分析来改善企业与客户的业务关系，从而达到销售业绩增长和预测的目的。CRM 系统也是一种管理企业与当前客户和潜在客户互动的方法。它通过满足客户个性化的需求来提高客户的忠诚度，实现缩短销售周期、降低销售成本、增加销售收入、拓展市场的目的，进而全面提升企业营利能力和竞争能力。基本上，CRM 系统允许企业管理与客户之间的业务关系，以帮助企业发展业务。CRM 系统架构如图 1-10 所示。

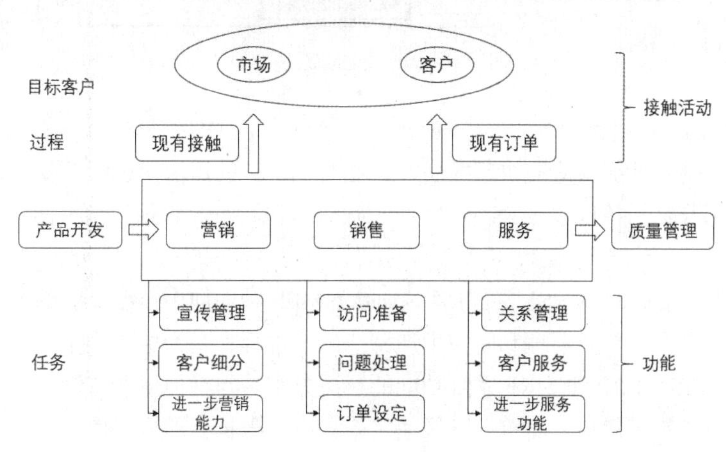

图 1-10 CRM 系统架构

（4）运维服务类工业软件

运维服务类工业软件是专门对生产设备进行维修和保养的系统软件，源于航空事业，目前普

遍应用于航空、军事、轨道交通、工程机械等领域。国内的这类软件更关注数据采集和监控，缺乏对数据应用和决策的辅助，且其底层核心技术依赖国外。

PHM 是一项新兴的、多学科交叉的综合性技术，是实现设备从预防性维护向预测性维护转变的关键技术。PHM 可以用于大中型设备，在维修更换数据和实时退化数据建模的基础上进行可靠的动态评估和故障的实时预测，并基于评估和预测的信息制订科学、有效的健康管理策略。

在高铁中应用 PHM 技术，可实现车辆关键部位、核心系统等的在线监测，避免出现重大安全问题，助力高铁车辆实现从状态维修到预测性维护的转变。高铁 PHM 系统架构如图 1-11 所示。应用 PHM 技术，可减少维修人员、降低车辆故障率。目前，技术比较成熟的 PHM 系统有日本川崎重工的 MON 系统、美国通用电气的 RM & D 系统、法国阿尔斯通的 HealthHub 系统、德国西门子的 Railigent 系统以及加拿大庞巴迪的 MITRAC CC Remote 系统。

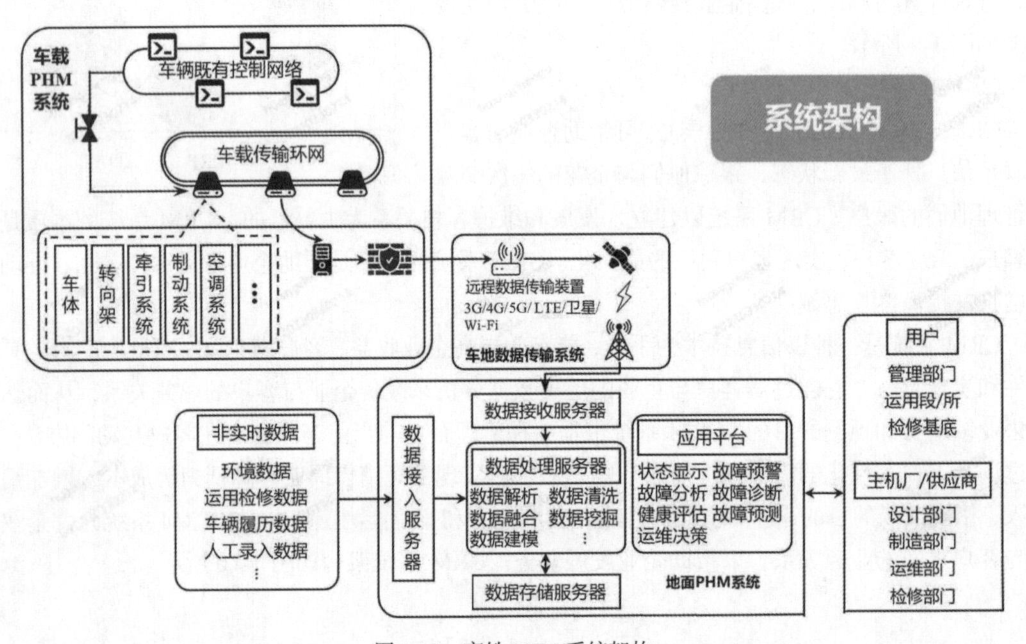

图 1-11　高铁 PHM 系统架构

2. MES 的认知

随着工业互联网、智能制造的快速发展，企业对 MES 的需求量也渐渐变大，不少软件企业或者互联网企业都开发了各自的 MES 软件。国内外知名的 MES 软件厂商有西门子、霍尼韦尔、罗克韦尔等。

本书使用开源的 qcadoo MES 进行讲解。qcadoo MES 是面向中小型企业的基于 B/S 架构的生产管理应用程序。它允许企业管理和监控生产制造的全过程，是为中小型企业量身定制的结合 MES、ERP 和 MRP 系统功能的解决方案。与其他生产管理系统相比，它的特点是易于使用、简单、可快速实施和有无限扩展的可能性。

3. MES 的运行

（1）启动 MES 数据库

在 D 盘的 qcadooMES 文件夹中找到“pgsql_start-快捷方式”并双击，启动

MES 数据库服务，如图 1-12 所示。

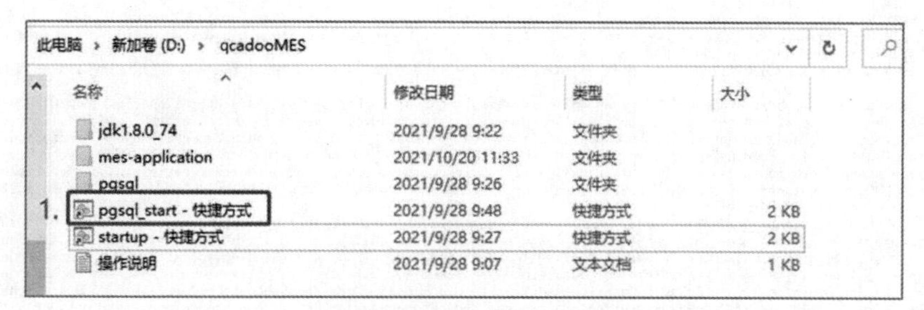

图 1-12　启动 MES 数据库服务

MES 数据库服务启动成功，运行界面如图 1-13 所示。

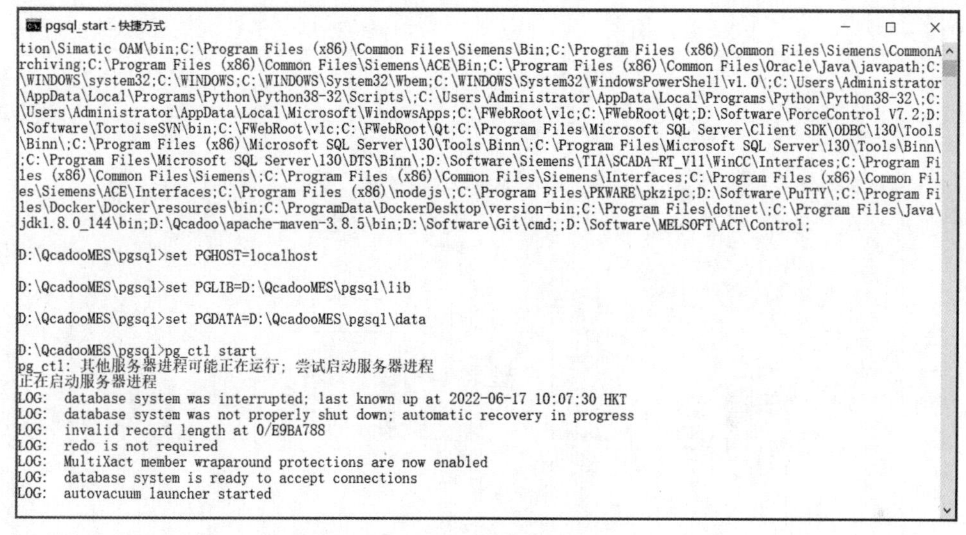

图 1-13　运行界面（1）

（2）启动 MES 服务

在 qcadooMES 文件夹中找到“startup-快捷方式”并双击，启动 MES 服务，如图 1-14 所示。

图 1-14　启动 MES 服务

MES 服务启动成功，运行界面如图 1-15 所示。

（3）进入 MES

打开浏览器，在地址栏中输入网址“http://127.0.0.1:8080/”，启动 MES，将语言修改为“中文”，输入账号“superadmin”，输入密码“superadmin”，单击“登录”按钮，进入 MES。MES 的登录界面如图 1-16 所示。

登录成功，MES 的主界面如图 1-17 所示。

```
Tomcat
log4j:WARN No appenders could be found for logger (org.springframework.web.context.ContextLoader).
log4j:WARN Please initialize the log4j system properly.
log4j:WARN See http://logging.apache.org/log4j/1.2/faq.html#noconfig for more info.
[ParallelWebappClassLoader@7f5aa9ec] warning javax.* types are not being woven because the weaver option '-Xset:weaveJavaxPackages=true' has not been specified
[ParallelWebappClassLoader@7f5aa9ec] warning no match for this type name: askForNotAcceptReason [Xlint:invalidAbsoluteTypeName]
[ParallelWebappClassLoader@7f5aa9ec] error at com\qcadoo\mes\techSubcontrForOperTasks\aop\OperationalTaskHooksOTFOOverrideAspect.java::0 use of ProceedingJoinPoint is allowed only on around advice (arg 0 in (after(extraFlags: 2): ((execution(public void com.qcadoo.mes.orders.hooks.OperationalTaskHooks.onSave(..)) && args(BindingTypePattern(com.qcadoo.model.api.DataDefinition, 1), BindingTypePattern(com.qcadoo.model.api.Entity, 2))) && persingleton(com.qcadoo.mes.techSubcontrForOperTasks.aop.OperationalTaskHooksOTFOOverrideAspect))->void com.qcadoo.mes.techSubcontrForOperTasks.aop.OperationalTaskHooksOTFOOverrideAspect.afterOnSaveExecution(org.aspectj.lang.ProceedingJoinPoint, com.qcadoo.model.api.DataDefinition, com.qcadoo.model.api.Entity)))
[ParallelWebappClassLoader@7f5aa9ec] error at com\qcadoo\mes\techSubcontrForOperTasks\aop\OperationalTaskHooksOTFOOverrideAspect.java::0 use of ProceedingJoinPoint is allowed only on around advice (arg 0 in (after(extraFlags: 2): ((execution(public void com.qcadoo.mes.orders.hooks.OperationalTaskHooks.onSave(..)) && args(BindingTypePattern(com.qcadoo.model.api.DataDefinition, 1), BindingTypePattern(com.qcadoo.model.api.Entity, 2))) && persingleton(com.qcadoo.mes.techSubcontrForOperTasks.aop.OperationalTaskHooksOTFOOverrideAspect))->void com.qcadoo.mes.techSubcontrForOperTasks.aop.OperationalTaskHooksOTFOOverrideAspect.afterOnSaveExecution(org.aspectj.lang.ProceedingJoinPoint, com.qcadoo.model.api.DataDefinition, com.qcadoo.model.api.Entity)))
[ParallelWebappClassLoader@7f5aa9ec] error aspect 'com.qcadoo.mes.productFlowThruDivision.warehouseIssue.states.aop.WarehouseIssueStateChangeAspect' woven into 'com.qcadoo.mes.productFlowThruDivision.warehouseIssue.states.aop.WarehouseIssueStateChangeAspect' must be defined to the weaver (placed on the aspectpath, or defined in an aop.xml file if using LTW).

Warning: Running an XSLT 1.0 stylesheet with an XSLT 2.0 processor
```

图 1-15　运行界面（2）

图 1-16　MES 的登录界面

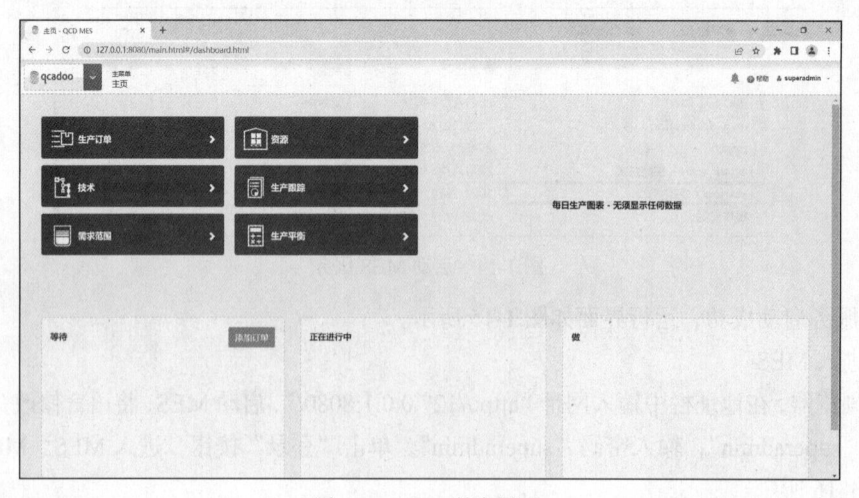

图 1-17　MES 的主界面

在 MES 的主界面中单击左上角的“qcadoo”图标，在打开的下拉列表中可以选择功能项，如图 1-18 所示，进入对应功能的配置界面，详细的操作和数据管理方式见后续内容。

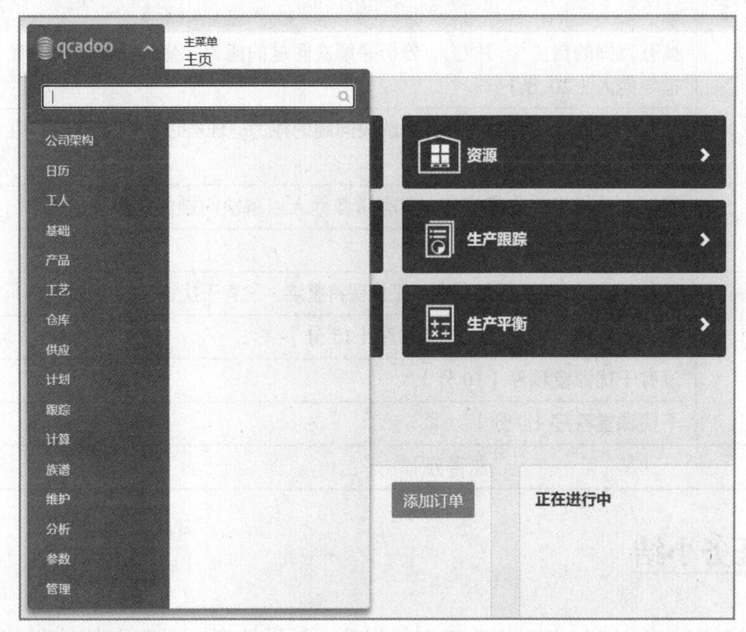

图 1-18　MES 的导航界面

1.1.5　任务检查与评价

任务实施完成后，进行任务检查与评价，检查评价单如表 1-3 所示。

表 1-3　检查评价单

项目名称	认识工业软件和 MES			
任务名称	工业软件和 MES 概述			
评价方式	可采用自评、互评、老师评价等方式			
说　　明	主要评价学生在任务 1.1 中的学习态度、课堂表现、学习能力等			
评价内容与评价标准				
序号	评价内容	评价标准	分值	得分
1	知识运用（20%）	掌握相关理论知识，理解本次任务要求，制订了详细计划，且计划条理清晰、逻辑正确（20 分）	20 分	
		理解相关理论知识，能根据本次任务要求制订合理计划（15 分）		
		了解相关理论知识，制订了计划（10 分）		
		没有制订计划（0 分）		
2	专业技能（40%）	能够快速认识工业软件和 MES（40 分）	40 分	
		能够认识工业软件和 MES（30 分）		
		能够认识工业软件和 MES，但需要帮助（20 分）		
		没有完成任务（0 分）		

续表

评价内容与评价标准				
序号	评价内容	评价标准	分值	得分
3	核心素养（20%）	具有良好的自主学习能力、分析并解决问题的能力，整个任务过程中有指导他人（20 分）	20 分	
		具有较好的学习能力、分析并解决问题的能力，任务过程中没有指导他人（15 分）		
		能够主动学习并收集信息，具有请教他人以解决问题的能力（10 分）		
		不主动学习（0 分）		
4	课堂纪律（20%）	设备无损坏、设备摆放整齐、工位保持整洁、没有干扰课堂秩序（20 分）	20 分	
		设备无损坏、没有干扰课堂秩序（15 分）		
		没有干扰课堂秩序（10 分）		
		干扰课堂秩序（0 分）		
总得分				

1.1.6　任务小结

本项目通过对工业软件和 MES 相关知识的讲解，帮助读者了解工业软件和 MES 的定义、功能以及应用，初步掌握 MES 的基本操作。任务 1.1 思维框架如图 1-19 所示。

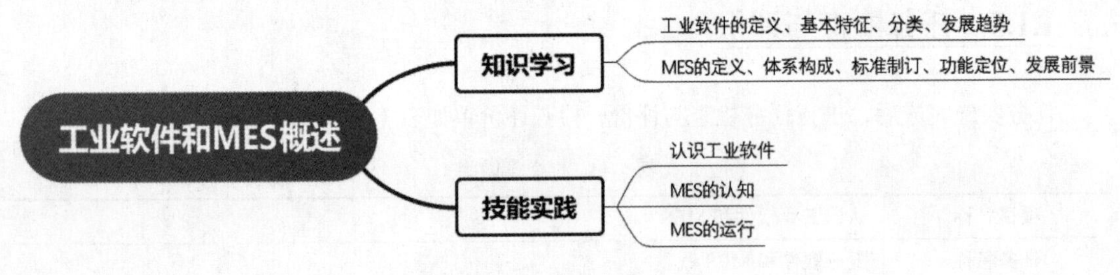

图 1-19　任务 1.1 思维框架

思考与练习

① 简述工业软件的分类及主要软件。

② 简述 MES 的功能。

③ 启动 MES，掌握 MES 的基本操作。

项目描述

系统管理员在企业中主要负责 MES 中的基础数据、产品数据、工艺数据等主数据的管理和维护。基础数据包括工厂架构、员工等生产资源数据，产品数据包括产品分类、产品属性等数据，工艺数据包括工序、工艺流程等数据，这些主数据是 MES 运行的基础。本项目要求学生扮演系统管理员的角色，对基础数据、产品数据、工艺数据进行管理和维护，掌握 MES 中主数据的配置方法。

任务 2.1 基础数据的管理

2.1.1 职业能力目标

- 能根据功能需求，使用 MES 进行基础数据的管理和维护。

2.1.2 任务要求

- 根据印制电路板（Printed Circuit Board，PCB）工厂的工艺流程，配置工厂、部门、生产线、工作站和工位等数据。
- 根据不同用户角色，配置系统用户权限。
- 根据不同员工，配置员工信息、员工班组和员工技能等数据。

2.1.3 知识链接

1. PCB 的行业背景

几乎每种电子设备都使用了 PCB，小到电子手表、计算器，大到计算机、通信电子设备、军用武器系统，只要电子设备中有集成电路等电子元器件，都要使用 PCB。在较大型电子设备的研究过程中，最基本的成功因素是该电子设备 PCB 的设计、编排和制造。

PCB 能够在电子设备中提供集成电路等电子元器件固定、装配的机械支撑；能够实现集成电路等电子元器件之间的布线和电气连接或电绝缘；能够提供电子设备需要的电气特性，如特性阻抗等；能够为自动焊锡提供阻焊图形；能够为元件的插装、检查和维修提供相应的识别字符和图形。

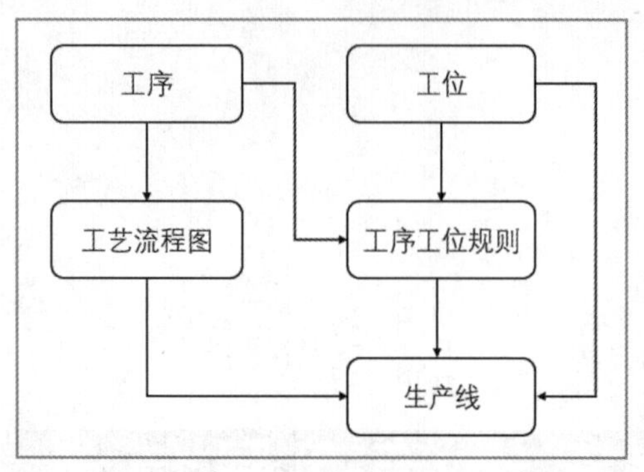

图 2-1　工位和生产线概念关系框架

2. 工位和生产线概念说明

工位和生产线概念关系框架如图 2-1 所示。

（1）工位

工位是生产车间的一个生产空间单元。一个工位通常要配备一些生产设备，并且这种配置是相对固定的，特别是一些大型设备，很少搬离相应工位。一个工位通常也会配置相对固定的生产人员，这些生产人员大都具备一些生产技能。一个工位与生产设备、生产人员的这种相对固定的配置形成了该工位的生产能力。在一个车间里，每个工位都具备一定的生产能力。

（2）生产线

生产线是用于生产某种产品的物理线体，包括参与该产品生产的所有工位。生产线是按照生产工艺流程设置的，其中的每个工位分别对应生产工艺流程中的一道工序。一个产品可以对应多条生产线，也就是说，在生产车间可以通过为某个产品设置多条生产线来提高产能。生产线是订单排程的基本单位，一个生产订单的各道工序的生产任务会被排在同一生产线的各个工位上进行，不会跨生产线安排任务，有关订单排程的任务会在后面进行介绍。

3. 基础数据说明

（1）生产资料说明

本任务涉及的 PCB 工厂生产资料见表 2-1。将该工厂下面的每个部门视为单一的生产部门，每个部门对应着不同的生产线，生产线下又有不同的工作站。用户需要在生产线上定义具体工作站并绑定工位。

表 2-1　PCB 工厂生产资料

百思奇工厂							
部门名称	部门编号	生产线	工作站	工作站类型	工位	编码	工位类型
开料部	W01-KL	开料线 1	烘烤站	烘烤	烘烤线 1#~3#	W01-M01-	烘烤
			裁板站	裁板	裁板线 1#~3#	W01-M02-	裁板
			磨角站	磨角	磨角线 1#~3#	W01-M03-	磨角
			自动磨边站	自动磨边	自动磨边线 1#~3#	W01-M04-	自动磨边
钻孔部	W01-ZK	钻孔线 1	TWO-PIN 站	TWO-PIN	TWO-PIN 1#~3#	W01-M05-	TWO-PIN
			包胶站	包胶	包胶 1#~2#	W01-M06-	包胶
			钻孔站	钻孔	钻孔机（1#~20#）	W01-M07-	钻孔
			验孔站	验孔	验孔机	W01-M08-	验孔
			脱 PIN 站	脱 PIN	脱 PIN 线 1#~2#	W01-M09-	脱 PIN

续表

百思奇工厂							
部门名称	部门编号	生产线	工作站	工作站类型	工位	编码	工位类型
电镀部	W01-DD	电镀线 1	水平 PIH&VCP 电镀站	水平 PIH&VCP 电镀	水平 PIH&VCP 电镀线 1#~3#	W01-M10-	水平 PIH&VCP 电镀
外层部	W01-WC	外层线 1	前处理压模曝光站	前处理压模曝光	前处理压模曝光线 1#~2#	W01-M11-	前处理压模曝光
			半成品阻抗测试站	半成品阻抗测试	半成品阻抗测试线	W01-M12-	半成品阻抗测试
			外层 DES&AOI 站	外层 DES&AOI	外层 DES&AOI 线 1#~2#	W01-M13-	外层 DES&AOI
外检部	W01-WJ	外检线 1	外检 VRS 站	外检 VRS	外检 VRS 线 1#~10#	W01-M14-	外检 VRS
			外检修补站	外检修补	外检修补线 1#~4#	W01-M15-	外检修补
防焊部	W01-FH	防焊线 1	防焊前处理站	防焊前处理	防焊前处理线 1#	W01-M16-	防焊前处理
			防焊自动印刷预烤站	防焊自动印刷预烤	防焊自动印刷预烤线 1#	W01-M17-	防焊自动印刷预烤
			低压喷涂曝光站	低压喷涂曝光	低压喷涂曝光线	W01-M18-	低压喷涂曝光
			防焊自动曝光站	防焊自动曝光	防焊自动曝光线 1#	W01-M19-	防焊自动曝光
			防焊显影站	防焊显影	防焊显影线 1#	W01-M20-	防焊显影
文字印刷部	W01-YS	文字印刷线 1	文字自动印刷后烤站	文字自动印刷后烤	文字自动印刷后烤线 1#~2#	W01-M21-	文字自动印刷后烤
			文字喷墨后烤站	文字喷墨后烤	文字喷墨后烤线	W01-M22-	文字喷墨后烤
成型部	W01-CX	成型线	六轴 CNC 站	六轴 CNC	六轴 CNC 线 1#~3#	W01-M23-	六轴 CNC
			成品阻抗测试站	半成品阻抗测试	成品阻抗测试线	W01-M24-	半成品阻抗测试
			整板 V-CUT 站	整板 V-CUT	整板 V-CUT 线	W01-M25-	整板 V-CUT
检测部	W01-JC	检测线	成品清洗&验板翘站	成品清洗&验板翘	成品清洗&验板翘线 1#~2#	W01-M26-	成品清洗&验板翘
			板翘整平站	板翘整平	板翘整平线	W01-M27-	板翘整平
			电测站	电测	电测线 1#	W01-M28-	电测
			化金清洗站	化金清洗	化金清洗线	W01-M29-	化金清洗
包装部	W01-BZ	包装线	自动包装站	自动包装	自动包装线 1#	W01-M30-	自动包装
底片部	W01-DP	底片线	光绘站	光绘	光绘机 1#~2#	W01-M31-	光绘
			冲片站	冲片	冲片机 1#~2#	W01-M32-	冲片
			底片检查站	底片检查	底片检查机 1#~2#	W01-M33-	底片检查
网板室	W01-WB	网板线	自动刮网站	自动刮网	自动刮网机	W01-M34-	自动刮网
			烤箱站	烤箱	烤箱	W01-M35-	烤箱
			自动冲网站	自动冲网	自动冲网机	W01-M36-	自动冲网
			自动洗网站	自动洗网	自动洗网机	W01-M37-	自动洗网

本书所有的模型将按照 PCB 工艺流程图的工位和生产线的对应关系来创建。图 2-2 为开料部生产线和工位的关系。

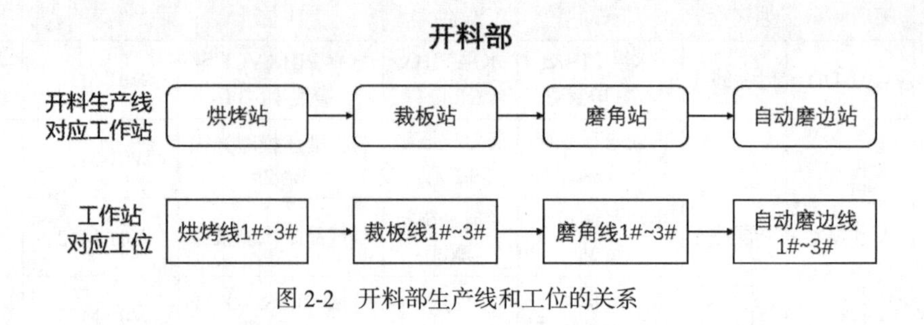

图 2-2　开料部生产线和工位的关系

（2）用户管理说明

用户通过角色与权限进行关联，从而获得某些功能的使用权限。权限被赋予角色，而不是用户，但是一个用户可以拥有若干个角色，当一个角色被赋予某一个用户时，此用户就拥有了该角色所包含的功能权限。简单地说，一个用户可以拥有若干角色，每一个角色可以拥有若干功能权限，由此可构建“用户-角色-权限”的授权模型，如图 2-3 所示。

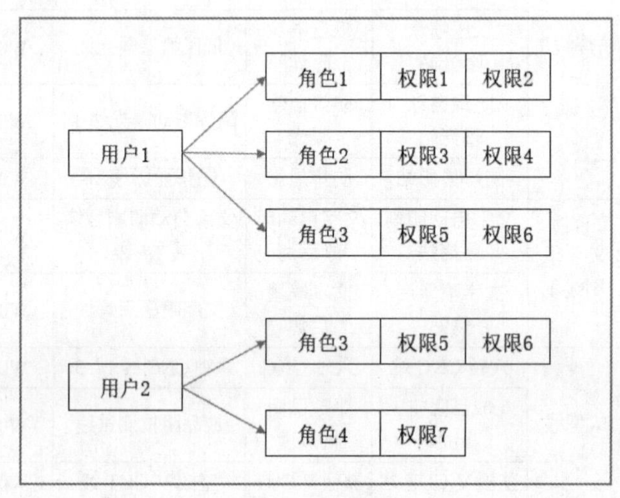

图 2-3　授权模型

在这种模型中，用户与角色之间、角色与权限之间一般都是多对多的关系。MES 的用户角色权限系统大概可以划分为三个模块，分别是：用户管理、角色管理、权限管理。

- 用户管理往往随着行政部门划分或者随着业务线部门划分，对应部门或者小组内的用户有相似的功能需求和权限等级。
- 角色管理相对来讲更加固定，它往往是基于业务管理需求而预先在系统中设定好的角色标签，一般不会随意更改，更像一个用户分组标签。
- 权限管理内容相对来讲更加丰富，主要包括目标、操作和许可权三个部分。当将某一功能权限授权给用户时，就相当于为该用户开通了可以操作某个功能的许可权。

（3）员工管理说明

① 员工的基本信息。

在 MES 中，每名员工应拥有身份证、姓名和职位（可选）。最后一个字段不是必需的，因为

在某些情况下，一名员工有能力执行多个职位的任务。此外，系统可以将每名员工分配到不同部门，并为其分配一个班次，由该员工负责相关工作。

② 团队设定。

使用 MES 时，应创建一个团队并将该团队的负责人员（领班）关联到该团队，事件日历中只会显示领班。只有设定了团队，在后续安排任务时才能安排班次任务。每个团队可以由领班制订团队的工作计划。

③ 工资设定。

MES 将员工按照薪资等级分组，以便区分不同岗位的薪酬。系统可以按照相同的小时费率对员工进行分组，以便通过将员工分配到特定的工资组来便捷地添加相关员工的工资信息。

④ 技能。

技能是允许员工执行操作的资格。MES 利用技能筛选员工，为工作站和员工制订不同的计划，确定适合执行给定任务的员工。

微课

工厂、部门以及生产线的创建与绑定

2.1.4　任务实施

1. 生产资料管理

（1）工厂

工厂是生产制造的主体，也是 MES 中制造执行管理的对象。工厂建模通过 MES 中的工厂创建功能实现。

在 MES 的导航界面中选择“公司架构-工厂”选项，如图 2-4 所示，进入工厂创建界面。

在工厂创建界面中，当前显示的是已经在 MES 中创建的工厂列表，如图 2-5 所示。单击“新增”按钮，可以进入新增工厂定义界面。

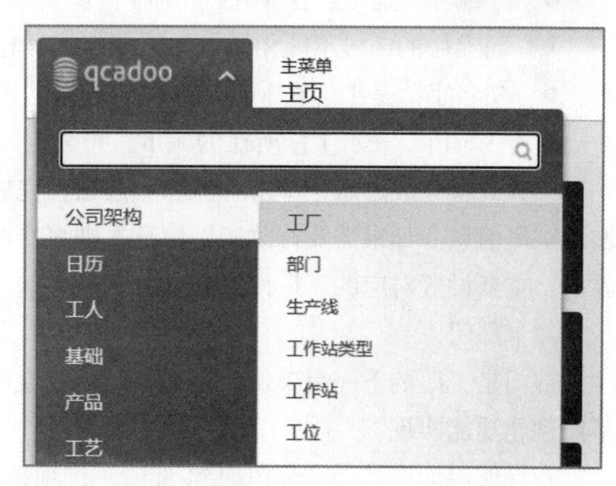

图 2-4　选择“公司架构-工厂”选项

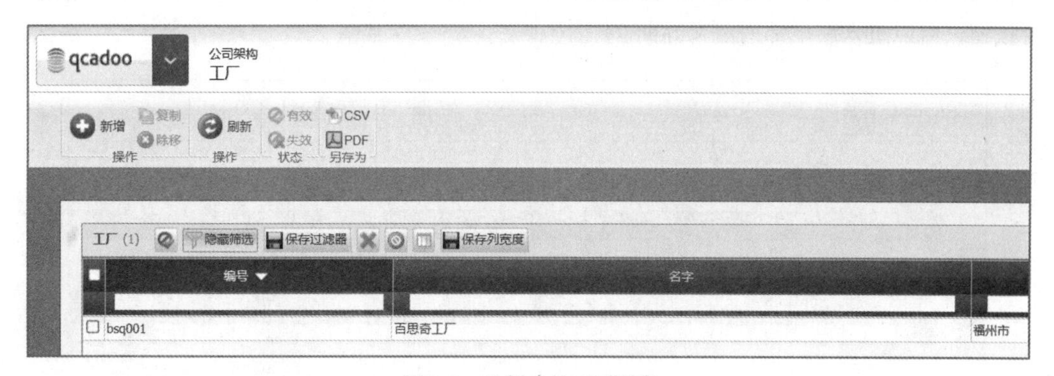

图 2-5　已创建的工厂列表

新增工厂定义界面如图 2-6 所示，在此可以对工厂的“编号”“名字”“城市”等进行定义。

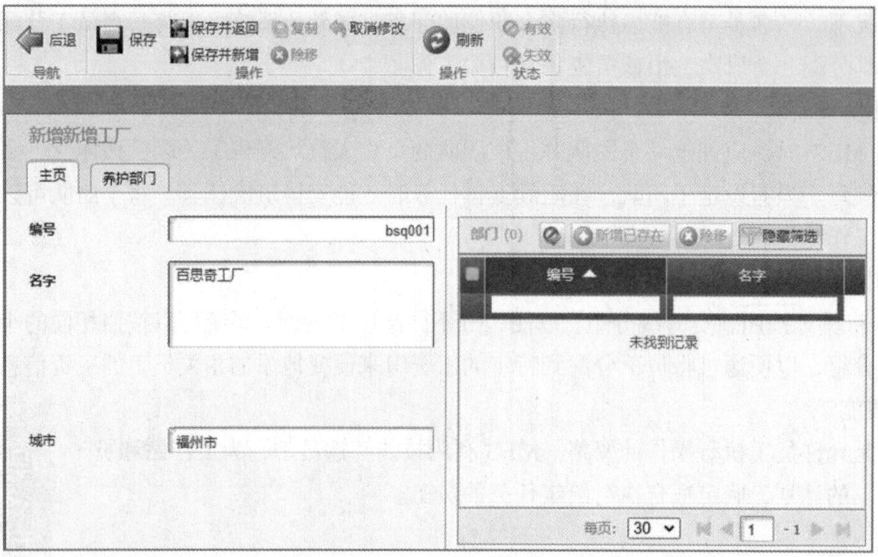

图 2-6　新增工厂定义界面

新增工厂定义界面的参数说明如下。

- “编号”是工厂在 MES 中的唯一识别码，一般使用英文、数字或二者的组合来表示。不同工厂的编号不能相同，如果创建编号相同的工厂，则系统会提示该编号已经存在。
- “名字”是工厂在 MES 中的名称。
- “城市”表示工厂所在的城市，可为空。

参数设置完成之后，单击“保存”按钮，完成工厂的创建，返回工厂创建界面，可以看到新增的工厂信息。如果需要修改工厂信息，则直接单击对应工厂的任意一列参数，进入工厂的编辑界面，重新设置对应的工厂信息即可。

（2）部门

部门是工厂的下一级单位，不同部门负责生产制造中的不同工艺。部门建模通过 MES 中的部门创建功能实现。

在导航界面中选择“公司架构-部门”选项，进入部门创建界面。

在部门创建界面中，当前显示的是已经在 MES 中创建的部门列表，如图 2-7 所示。单击“新增”按钮，可以进入新增部门定义界面。

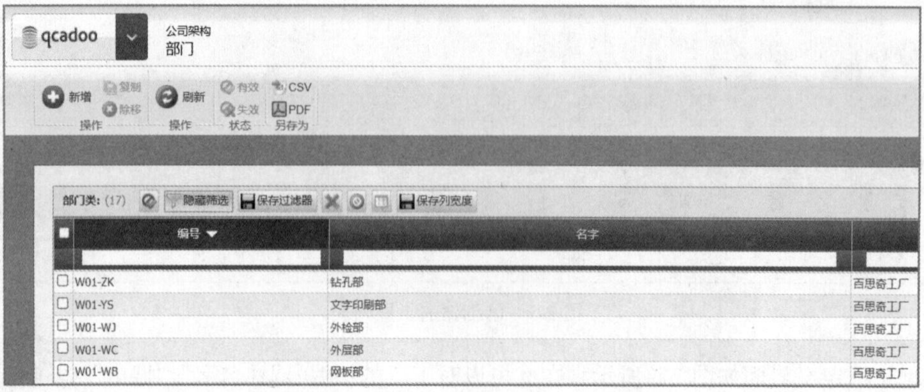

图 2-7　已创建的部门列表

新增部门定义界面如图 2-8 所示，在此可以对新增部门的“编号”“名字”“工厂”进行定义。

图 2-8　新增部门定义界面

新增部门定义界面的部分参数说明如下。

- “编号”是部门在 MES 中的唯一识别码，一般使用英文、数字、符号或三者的组合来表示。不同部门的编号不能相同。
- “名字”是部门在 MES 中的名称。
- “工厂”是部门的上一级单位，一个部门只能隶属于一个工厂，而一个工厂可以有多个部门。

参数设置完成之后，单击“保存”按钮，完成部门的创建，返回部门创建界面，可以看到新增的部门信息。

（3）生产线

生产线是由产品加工、运送、装配、检验等一系列生产活动构成的路线，是工作站的集合。生产线建模通过 MES 中的生产线创建功能实现。

在导航界面中选择“公司架构-生产线”选项，进入生产线创建界面。

在生产线创建界面中，当前显示的是已经在 MES 中创建的生产线列表，如图 2-9 所示。单击“新增”按钮，可以进入新增生产线定义界面。

新增生产线定义界面如图 2-10 所示，在此可以对生产线的“编号”“名字”等进行定义。

新增生产线定义界面的部分参数说明如下。

- “编号”是生产线在 MES 中的唯一识别码，一般使用英文、数字、符号或三者的组合来表示。不同生产线的编号不能相同。
- “名字”是生产线在 MES 中的名称。

生产线隶属于部门，定义生产线之后需要为其指定关联的部门。单击界面上方的“工作站”选项卡，切换到图 2-11 所示的界面。

图 2-9　已创建的生产线列表

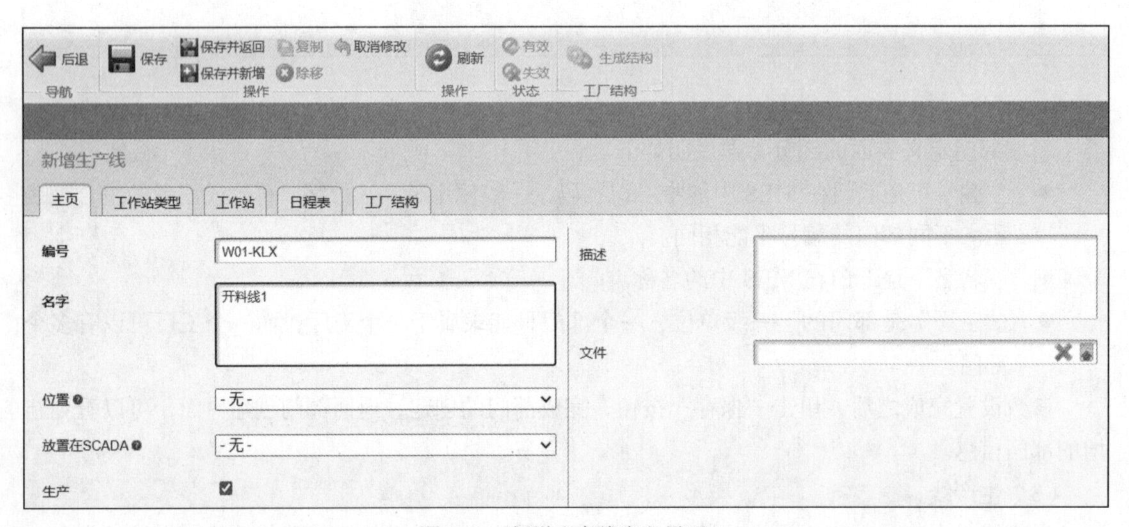

图 2-10　新增生产线定义界面

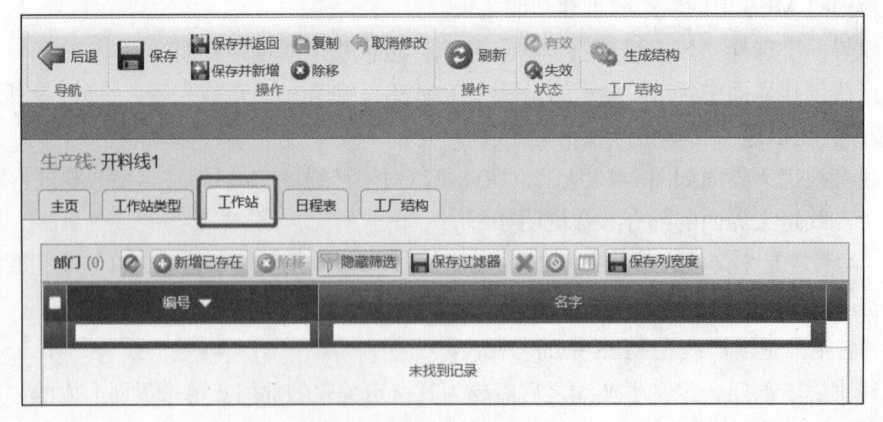

图 2-11　“工作站”选项卡

单击“新增已存在”按钮，弹出图 2-12 所示的界面，勾选该生产线所在的部门“开料部”，完成生产线与部门的关联。

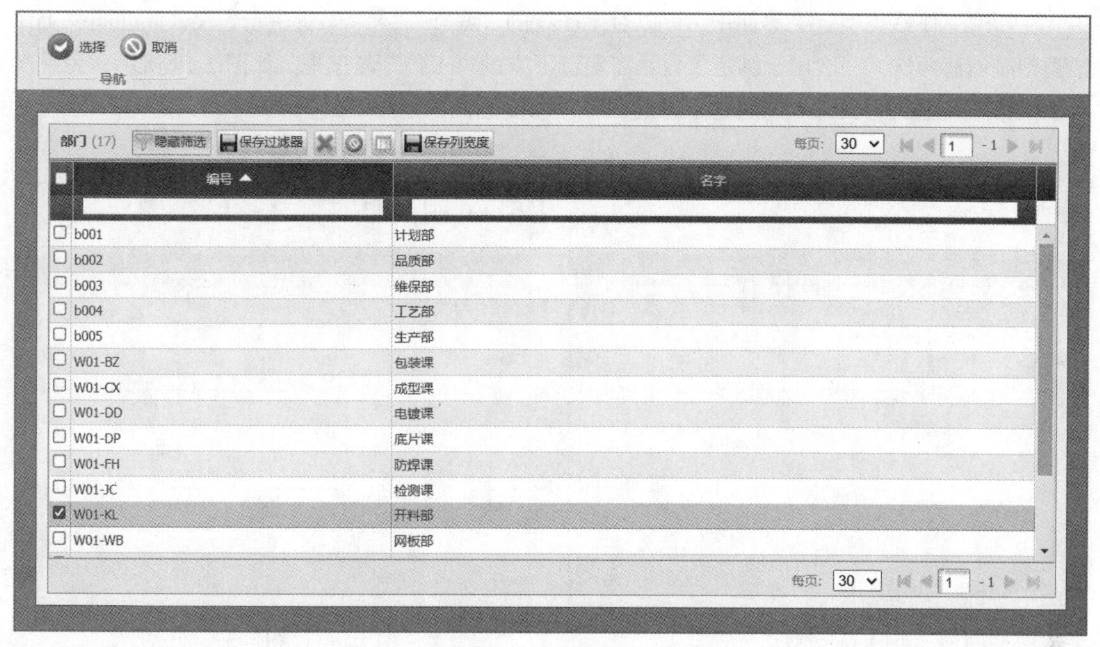

图 2-12　关联部门

定义完成之后，单击“保存”按钮，完成生产线的创建与关联，返回生产线创建界面，可以看到新增的生产线信息。

（4）工作站

工作站是生产线的下一级单位，是指同一类机器或者工位的组合。工作站建模通过 MES 中的工作站创建功能实现。

在创建工作站之前，需要定义工作站的类型。工作站类型是对工作站的一种描述，是工作站的一种属性。工作站类型建模通过 MES 中的工作站类型创建功能实现。在导航界面中选择“公司架构-工作站类型”选项，进入工作站类型创建界面。

在工作站类型创建界面中，当前显示的是已经在 MES 中创建的工作站类型列表，如图 2-13 所示。单击“新增”按钮，可以进入新增工作站类型定义界面。

图 2-13　已创建的工作站类型列表

在新增工作站类型定义界面中，可以对生产线的“编号”“名字”等进行定义。此处同一工作站类型需创建两次，一次用于绑定工位，需勾选下方的“工位”复选框，如图 2-14 所示；另一次用于工作站类型的定义，不能勾选下方的“工位”复选框，如图 2-15 所示。

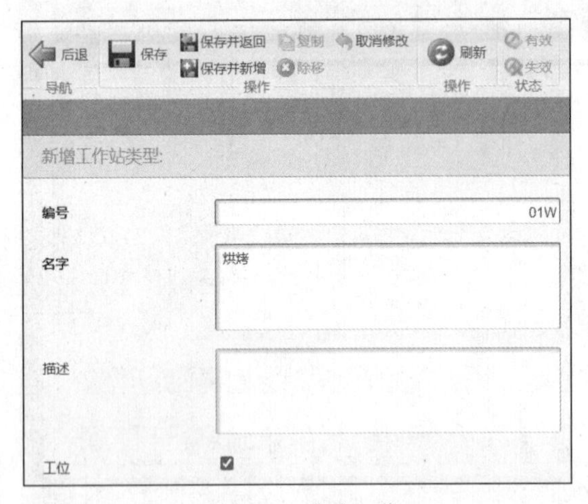

图 2-14　绑定工位

图 2-15　工作站类型的定义

参数设置完成之后，单击“保存”按钮，完成工作站类型的定义，返回工作站类型创建界面，可以看到新增的工作站类型信息。如果需要修改工作站类型信息，则直接单击对应工作站类型的任意一列参数，可以进入工作站类型的编辑界面，重新设置对应的工作站类型信息。

完成工作站类型的定义后，在导航界面中选择“公司架构-工作站”选项，进入工作站创建界面。

在工作站创建界面中，当前显示的是已经在 MES 中创建的工作站列表，如图 2-16 所示。单击“新增”按钮，可以进入新增工作站定义界面。

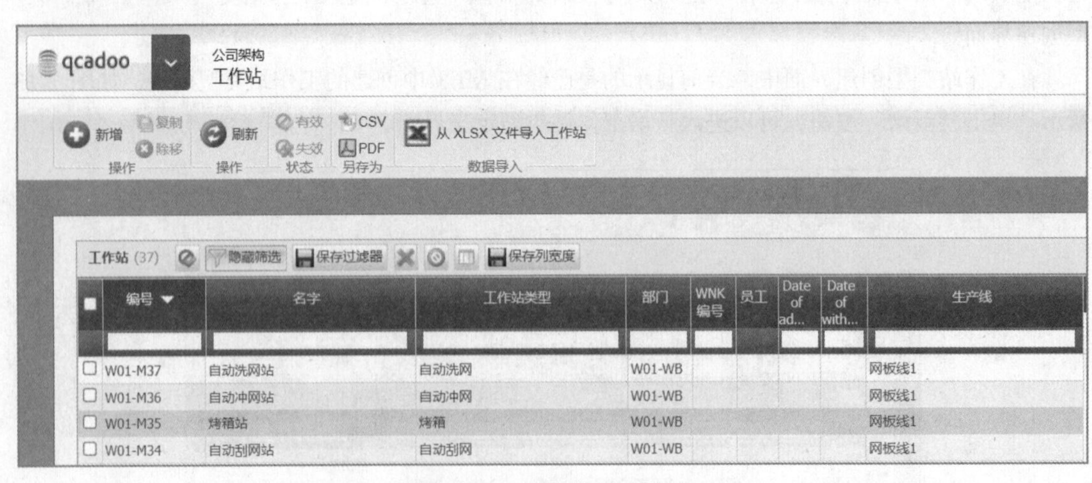

图 2-16　已创建的工作站列表

新增工作站定义界面如图 2-17 所示，在此可以对生产线的“编号”“名字”“工作站类型”等进行定义。

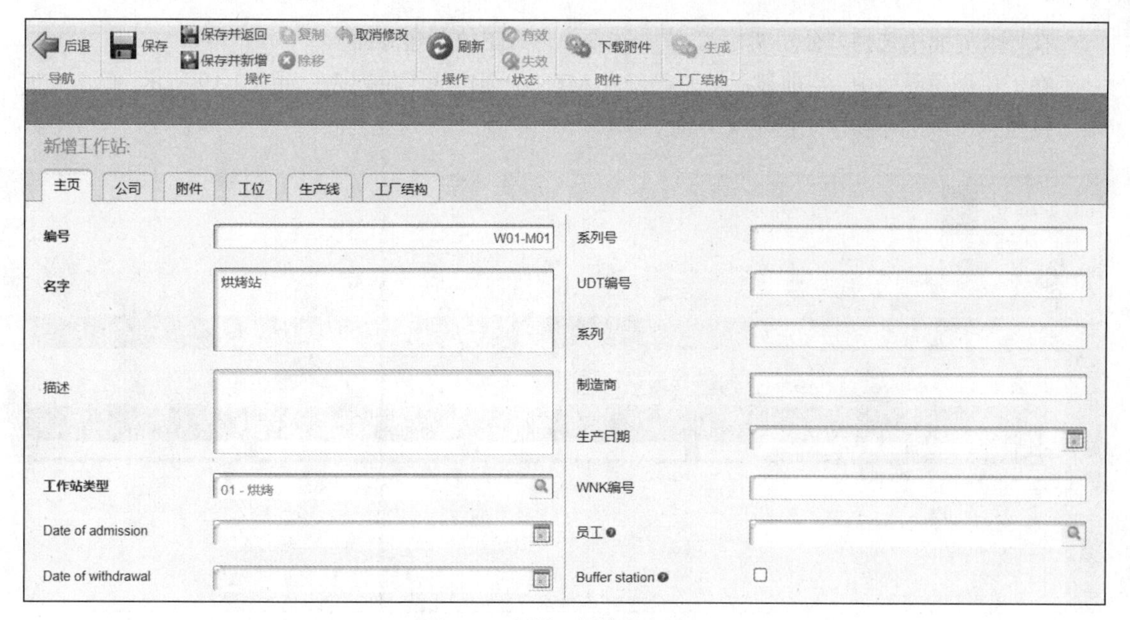

图 2-17　新增工作站定义界面

新增工作站定义界面的部分参数说明如下。

- "编号"是工作站在 MES 中的唯一识别码，一般使用英文、数字、符号或三者的组合来表示。不同工作站的编号不能相同。
- "名字"是工作站在 MES 中的名称。
- "工作站类型"是对工作站的描述，这里直接选择已经定义好的工作站类型。

工作站隶属于生产线，定义工作站之后需要为其指定关联的生产线。单击界面上方的"生产线"选项卡，切换到图 2-18 所示的界面。

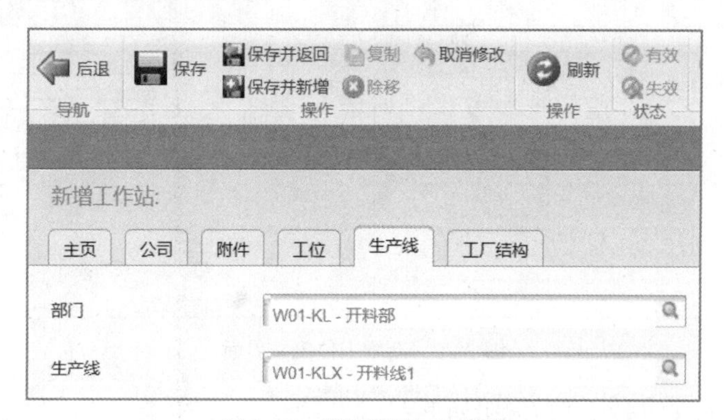

图 2-18　关联部门与生产线

分别单击"部门"和"生产线"右边的"放大镜"图标，选择对应的部门与生产线进行关联。

定义完成之后，单击"保存"按钮，完成工作站的创建与关联，返回工作站创建界面，可以看到新增的工作站信息。

（5）工位

工位是生产过程最基本的生产单元，在工位上可以安排人员、设备、原料、工具等进行生产装配。工位建模通过 MES 中的工位创建功能实现。

在导航界面中选择“公司架构-工位”选项，进入工位创建界面。

在工位创建界面中，当前显示的是已经在 MES 中创建的工位列表，如图 2-19 所示。单击“新增”按钮，可以进入新增工位定义界面。

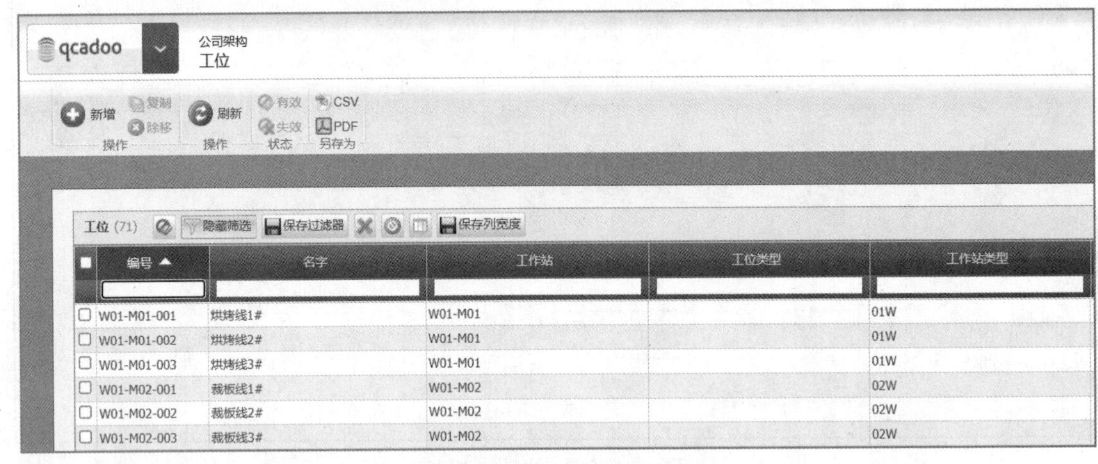

编号	名字	工作站	工位类型	工作站类型
W01-M01-001	烘烤线1#	W01-M01		01W
W01-M01-002	烘烤线2#	W01-M01		01W
W01-M01-003	烘烤线3#	W01-M01		01W
W01-M02-001	裁板线1#	W01-M02		02W
W01-M02-002	裁板线2#	W01-M02		02W
W01-M02-003	裁板线3#	W01-M02		02W

图 2-19　已创建的工位列表

新增工位定义界面如图 2-20 所示，在此可以对工位的“编号”“名字”“工作站”“工作站类型”等进行定义。

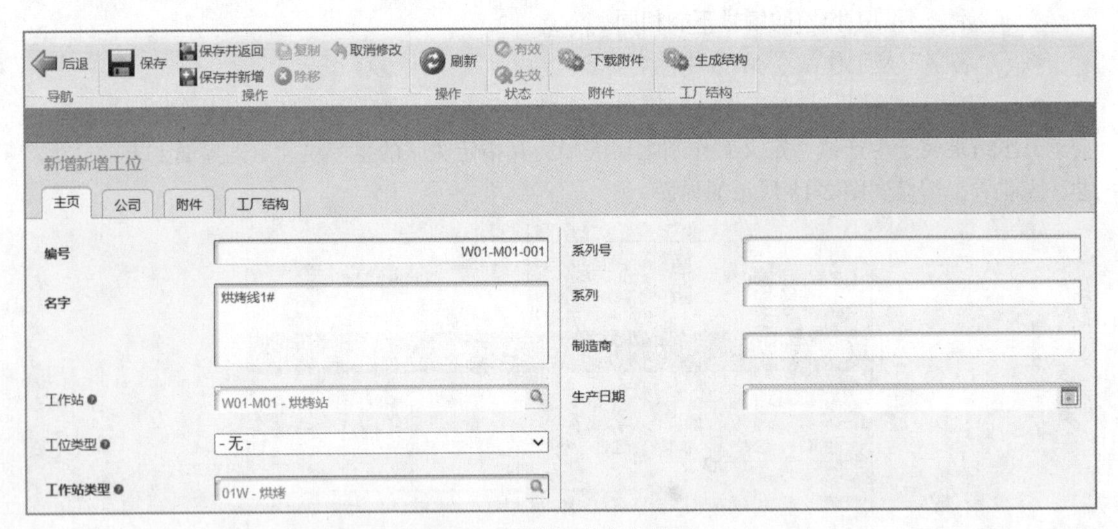

图 2-20　新增工位定义界面

新增工位定义界面的部分参数说明如下。

- “编号”是工位在 MES 中的唯一识别码，一般使用英文、数字、符号或三者的组合来表示。不同工位的编号不能相同。
- “名字”是工位在 MES 中的名称。
- “工作站”表示工位所属的工作站，可为空。
- “工作站类型”表示工位所属工作站的类型。

参数设置完成之后，单击“保存”按钮，完成工位的创建，返回工位创建界面，可以看到新增的工位信息。

完成工厂模型的创建之后，可在工位的工厂结构界面中单击“生成结构”按钮，出现图 2-21 所示界面，单击“工厂结构”右边的“加号”图标，可展开所有的子项，在此可查看完整的“工厂-部门-生产线-工作站-工位”模型。

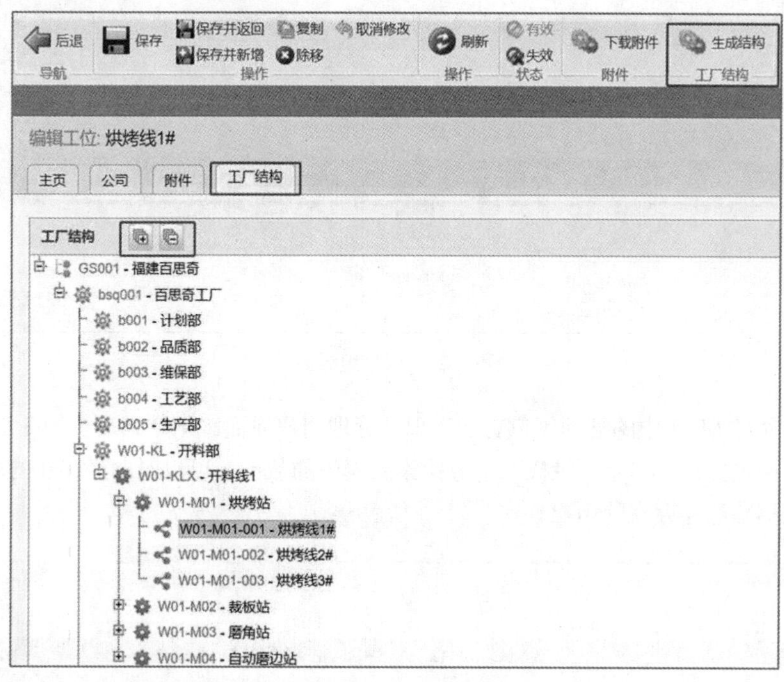

图 2-21　工厂结构界面

2. 用户管理

在管理用户之前，需要定义用户的角色和组，用户角色是不同功能权限的集合，角色配置通过 MES 中的管理角色功能实现，管理角色界面如图 2-22 所示，该界面列出了所有可选择的功能权限。

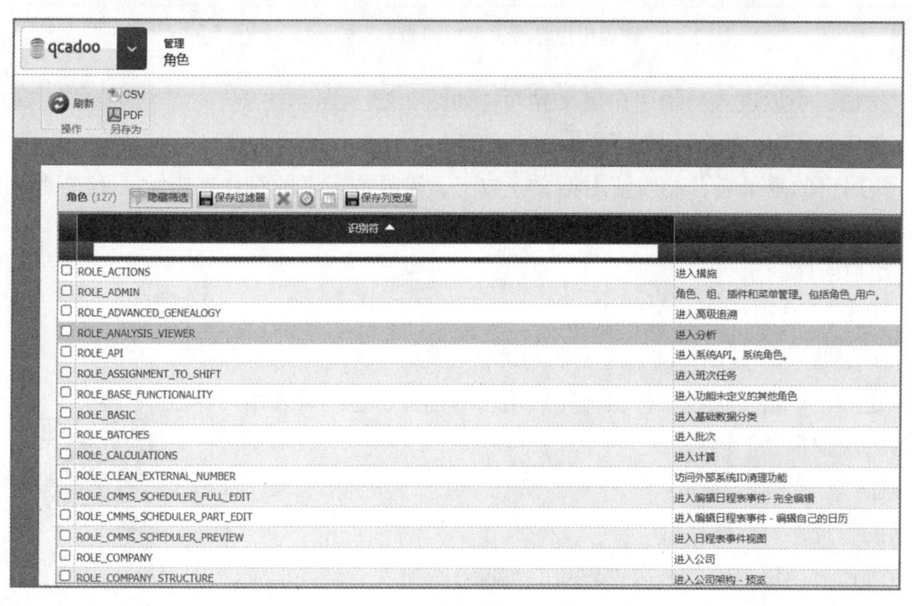

图 2-22　管理角色界面

用户组是同一类角色的用户集合，组的配置通过 MES 中的管理组功能实现，管理组界面如图 2-23 所示。

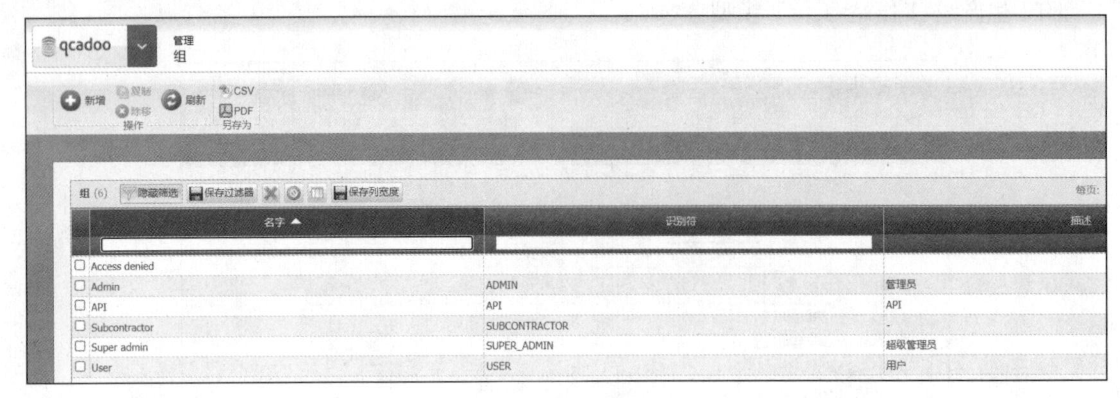

图 2-23　管理组界面

用户配置通过 MES 中的管理用户功能实现。管理用户界面（用户列表）如图 2-24 所示。在这个界面中，通过登录、名字、姓氏、组等搜索列表中的数据，可以对已经存在的用户信息进行编辑，也可以移除已经存在的用户。

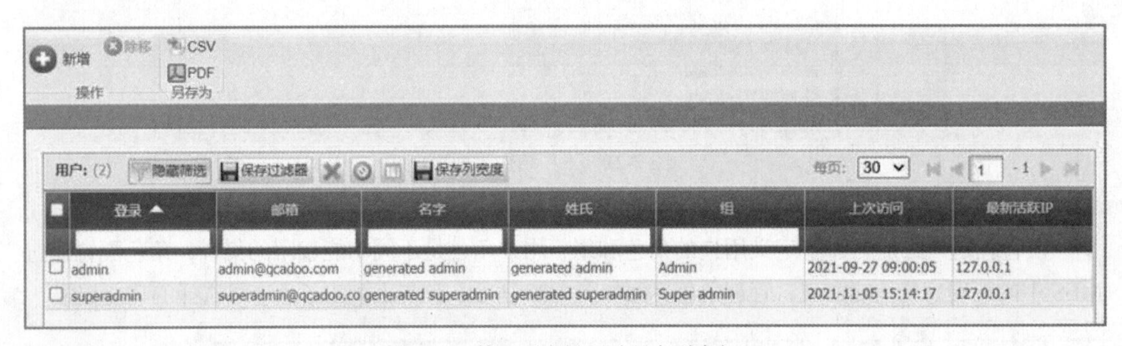

图 2-24　管理用户界面（用户列表）

单击“新增”按钮，可以进入新增用户定义界面，如图 2-25 所示。

新增用户定义界面的部分参数说明如下。

- “登录”是用户的登录名，一般使用英文、数字、符号或三者的组合来表示。不同用户的登录名不能相同。
- “组”是用户所属的角色。
- “名字”“姓氏”是用户的名字与姓氏。
- “密码”“确认密码”是用户的登录密码与确认密码。

参数设置完成之后，单击“保存”按钮，完成用户的创建，返回管理用户界面，可以看到新增的用户信息。

3. 员工管理

（1）生产班次的管理

生产班次的管理通过 MES 中的班次管理功能实现。在班次管理界面中，可以指定工厂的工作时间和休息时间（以及例外情况，如法定节假日等）。通过班次

管理，不仅可以安排单班或者多班工作制，还可以设定如休息日、加班等特殊的时间安排。

在导航界面中选择“日历-班次”选项，进入班次管理界面，如图 2-26 所示。

新增用户
主页　工人
登录　superadmin
组
邮箱
名字
姓氏
描述
上次访问
密码　••••••••••
确认密码

图 2-25　新增用户定义界面

图 2-26　班次管理界面

单击“新增”按钮，可以进入新增班次定义界面，如图 2-27 所示。在新增班次定义界面中，可以输入班次的名字、启用工作日以及具体的工作时间。

班次 夜班
名字　夜班
示例: 07:00-10:30, 11:00-15:00
星期一　☑　00:00-06:00, 18:00-00:00
星期二　☑　00:00-06:00, 18:00-00:00
星期三　☑　00:00-06:00, 18:00-00:00
星期四　☑　00:00-06:00, 18:00-00:00
星期五　☑　00:00-06:00, 18:00-00:00
星期六　☐
星期日　☐

图 2-27　新增班次定义界面

参数设置完成之后，单击“保存”按钮，完成班次的创建。

新增班次完成以后，右侧的异常情况记录表格被激活，当出现计划外的加班或停产等异常情况时，可对班次时间进行调整。单击“创建”按钮，进入图 2-28 所示的异常情况记录界面。输入该异常的名字，例如“星期六工作”，并选择开始和结束时间。接下来确定异常类型，有两个选项，分别为“休息时间”和“工作时间”，选择合适的选项。添加完异常班次之后，单击“保存”按钮。

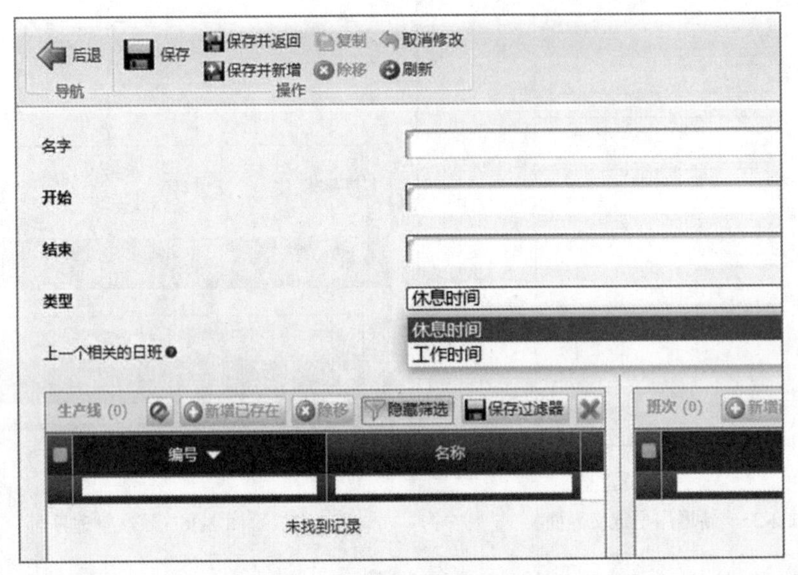

图 2-28　异常情况记录界面

在班次管理界面中单击“工人日程表”按钮，可以看见起始时间到结束时间内所有班次的排班情况。可以以不同的时间范围（1 小时、3 小时、6 小时和 1 天）为单位显示班次日历。当鼠标指针在其中一个项目上悬停时，其详细信息将显示在日历中，如图 2-29 所示。

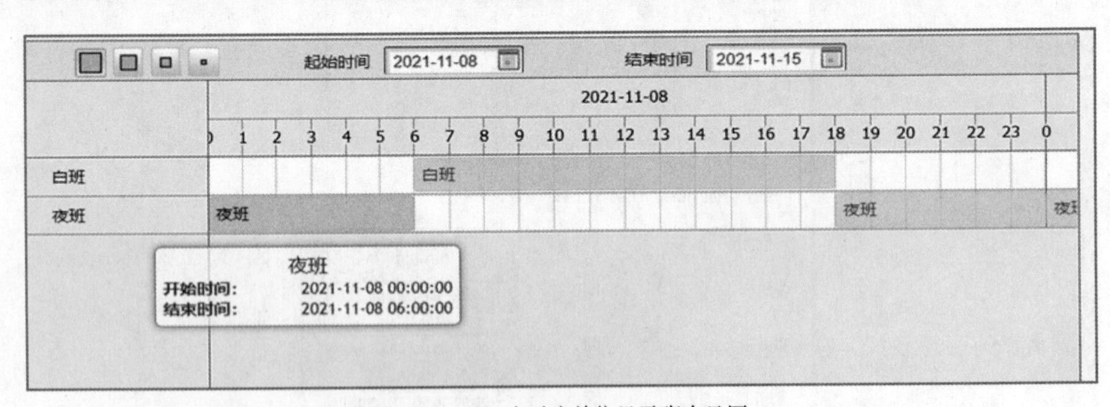

图 2-29　以 6 小时为单位显示班次日历

（2）员工信息的录入

员工信息的录入通过 MES 中的工人管理功能实现。

在导航界面中选择“工人-工人”选项，进入工人管理界面，如图 2-30 所示。

单击“新增”按钮可以进入新增工人定义界面，如图 2-31 所示。

图 2-30　工人管理界面

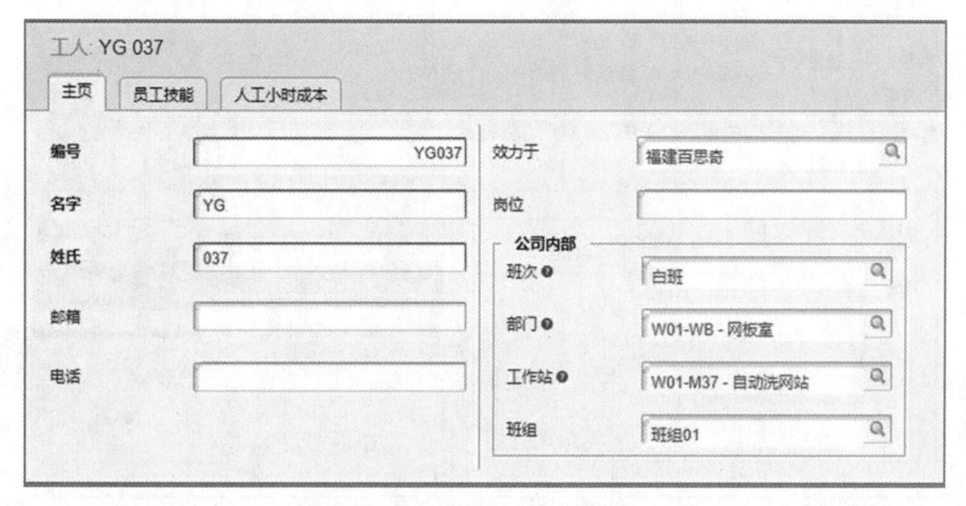

图 2-31　新增工人定义界面

新增工人定义界面的部分参数说明如下。

● “编号”用于表示员工，不同员工的编号必须不同，员工将用该编号登录生产注册系统。因此，请确保编号独一无二并便于员工记忆。

● “名字”“姓氏”是员工的名字与姓氏。

● “班次”用于为员工分配不同工作时间段。

● “部门”用于指定员工所在部门。员工在登录系统后会被提示他被分配到了哪个部门，部门不同，可见的订单就会不同，分配到的操作任务也会不同。

● “工作站”与部门类似，如果将员工分配到工作站，则员工登录系统后，其操作任务列表将仅限于此工作站（同时员工还将看到没有指定工作站的任务）。

● “班组”为员工指定所属的团队。只有设定班组之后，系统才能在搜索查询班组中的所有员工时创建班次任务。

（3）员工班组的设定

员工班组的设定通过 MES 中的团队管理功能实现。团队管理界面可以用于分配班次任务。团队领班负责安排团队的工作日历。

在导航界面中选择“工人-团队”选项，进入团队管理界面，如图 2-32 所示。

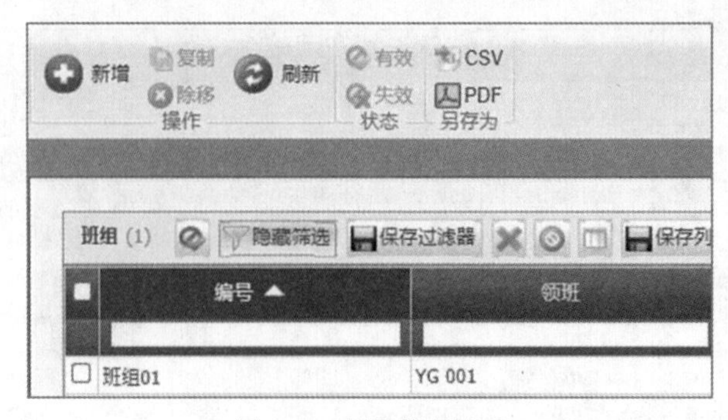

图 2-32　团队管理界面

单击“新增”按钮可以进入新增团队定义界面，如图 2-33 所示。

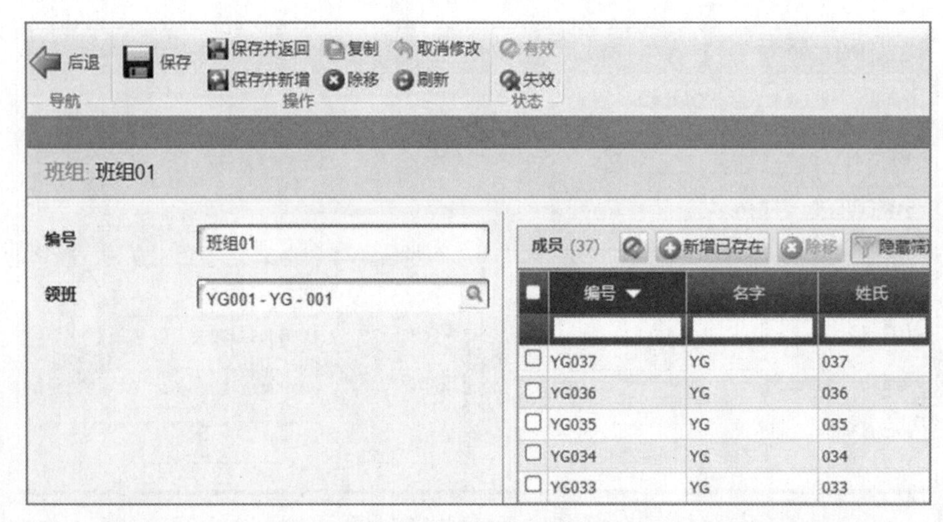

图 2-33　新增团队定义界面

输入团队编号，并注明领班。在界面右侧的表中单击“新增已存在”按钮，在弹出的图 2-34 所示界面中，勾选系统中的员工进行分组，将其安排进团队中。

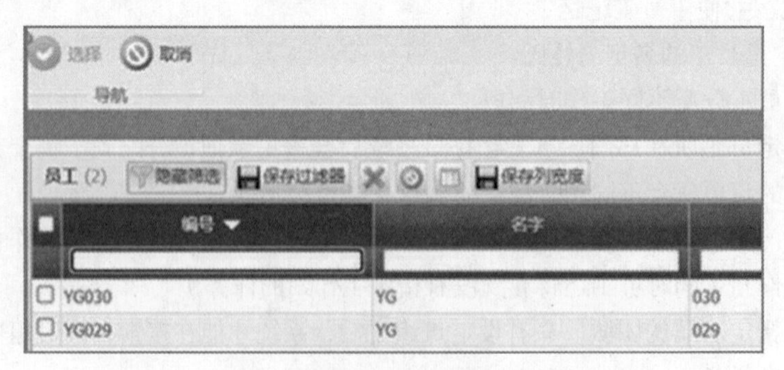

图 2-34　员工分组

（4）员工技能的管理

员工技能的管理通过 MES 中的技能管理功能实现。

在导航界面中选择“工人-技能”选项，进入技能管理界面，如图 2-35 所示。

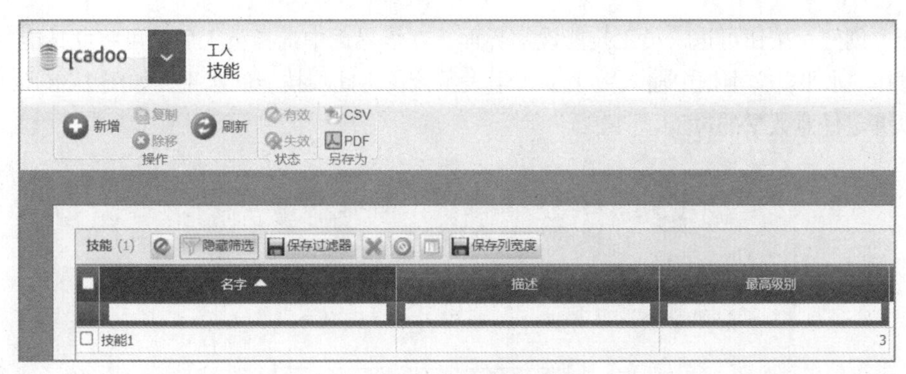

图 2-35　技能管理界面

单击“新增”按钮，可以进入新增技能定义界面，如图 2-36 所示。按照需求输入技能的名字、描述、最高级别。在“最高级别”处输入数字 1~3，其中，1 表示初学者，2 表示正常水平，3 表示高级。

图 2-36　新增技能定义界面

参数设置完成之后，单击“保存”按钮，完成技能的新增。单击“员工”选项卡，如图 2-37 所示，进行技能与员工的关联绑定。

图 2-37　“员工”选项卡

单击“创建”按钮可进入员工技能设定界面，在该界面中选择员工后，可将此技能与员工绑定。同时在“水平”文本框中输入数字 1~3 来表示该员工此项技能的水平，如图 2-38 所示。一个技能可以绑定任意数量的员工。

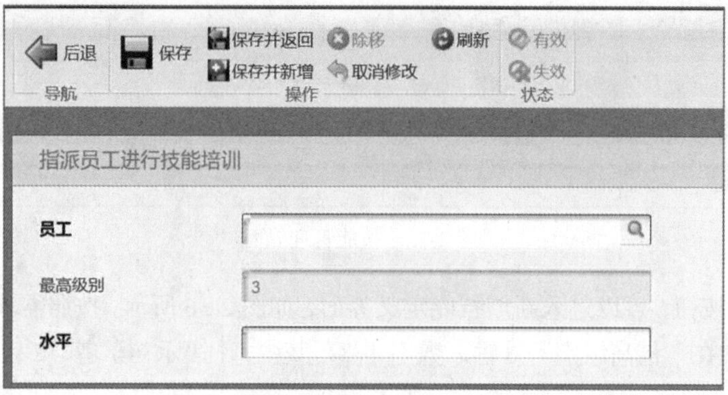

图 2-38　员工技能的设定

技能不仅可以绑定员工，还可以绑定相应的操作。单击“操作”选项卡，进行技能与操作的关联绑定。单击“创建”按钮可进入操作技能设定界面，在该界面中选择操作后，可将此技能与操作绑定。同时在“所需级别”文本框中输入数字 1~3 来表示执行该操作所需的技能级别，如图 2-39 所示。一个技能可以绑定多个操作。绑定完成之后单击“保存”按钮，完成技能的配置及关联绑定。

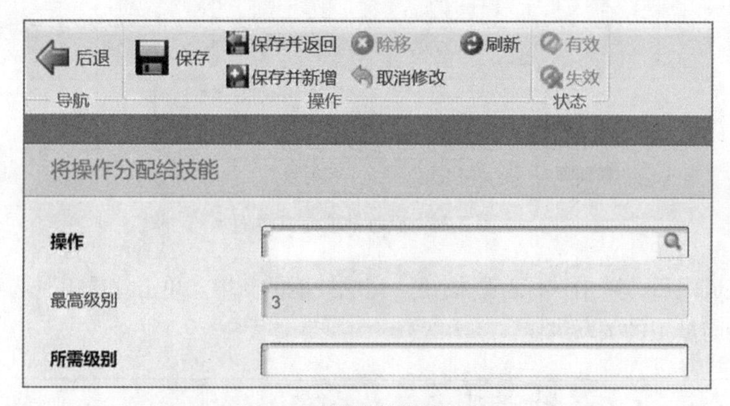

图 2-39　操作技能的设定

2.1.5　任务检查与评价

任务实施完成后，进行任务检查与评价，检查评价单如表 2-2 所示。

表 2-2　检查评价单

项目名称	扮演系统管理员角色
任务名称	基础数据的管理
评价方式	可采用自评、互评、老师评价等方式
说　　明	主要评价学生在任务 2.1 中的学习态度、课堂表现、学习能力等

续表

评价内容与评价标准				
序号	评价内容	评价标准	分值	得分
1	知识运用（20%）	掌握相关理论知识，理解本次任务要求，制订了详细计划，且计划条理清晰、逻辑正确（20 分）	20 分	
		理解相关理论知识，能根据本次任务要求制订合理计划（15 分）		
		了解相关理论知识，制订了计划（10 分）		
		没有制订计划（0 分）		
2	专业技能（40%）	能够快速完成 MES 基础数据的管理和维护，实验结果准确（40 分）	40 分	
		能够完成 MES 基础数据的管理和维护，实验结果准确（30 分）		
		能够完成 MES 基础数据的管理和维护，但需要帮助，实验结果准确（20 分）		
		没有完成任务（0 分）		
3	核心素养（20%）	具有良好的自主学习能力、分析并解决问题的能力，整个任务过程中有指导他人（20 分）	20 分	
		具有较好的学习能力、分析并解决问题的能力，整个任务过程中没有指导他人（15 分）		
		能够主动学习并收集信息，具有请教他人以解决问题的能力（10 分）		
		不主动学习（0 分）		
4	课堂纪律（20%）	设备无损坏、设备摆放整齐、工位保持整洁、没有干扰课堂秩序（20 分）	20 分	
		设备无损坏、没有干扰课堂秩序（15 分）		
		没有干扰课堂秩序（10 分）		
		干扰课堂秩序（0 分）		
总得分				

2.1.6　任务小结

本任务通过使用 MES 进行基础数据的管理和维护，帮助读者了解 MES 基础数据的依赖关系，掌握使用 MES 进行基础数据管理和维护的方法。任务 2.1 思维框架如图 2-40 所示。

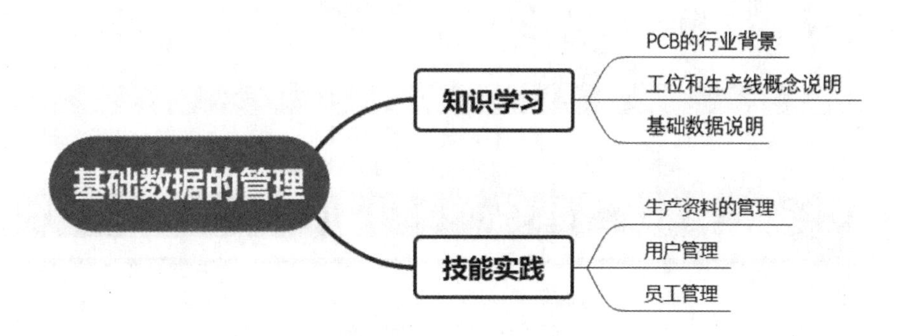

图 2-40　任务 2.1 思维框架

任务 2.2 产品数据的管理

2.2.1 职业能力目标

- 能根据功能需求，使用 MES 进行产品数据的管理和维护。

2.2.2 任务要求

- 根据产品种类，创建产品分类、产品模型、产品家庭等数据。
- 根据不同产品，配置产品信息。

2.2.3 知识链接

产品是 MES 中的一个非常重要的元素。按照产品类型分类，产品大致可分为原材料、半成品、成品、报废品。原材料用于生产，经过生产过程变成半成品、成品以及不合格的报废品。

2.2.4 任务实施

微课

创建产品分类、产品模型及产品家庭

1. 产品分类

产品分类就是将公司制造的产品分组，产品分类有以下好处。

- 将类似产品分为同类产品，在生产过程中，同类产品可以批量处理。
- 向正确执行生产过程所需的产品分配额外信息。
- 在同一订单上订购同一类产品。

产品分类通过 MES 中的品类管理功能实现。在导航界面中选择“产品-分类”选项，可进入品类管理界面，如图 2-41 所示。

图 2-41 品类管理界面

单击“新增”按钮可进入新增品类界面，如图 2-42 所示。

图 2-42　新增品类界面

“描述类型”为字典中的值，需要在“基础-字典”界面中新增定义。用户可以从“描述类型”下拉列表中选择恰当的描述类型，然后在下方的“描述”文本框中输入对产品的描述。以“包装”为例，它表示该组产品与包装有关。同类产品可以有多种类型的描述。设定完成之后，单击“保存”按钮保存设定。

单击“产品”选项卡，单击“新增已存在”按钮，将产品分配到用户正在创建的分类中，如图 2-43 所示。每个产品都只能属于一个分类。

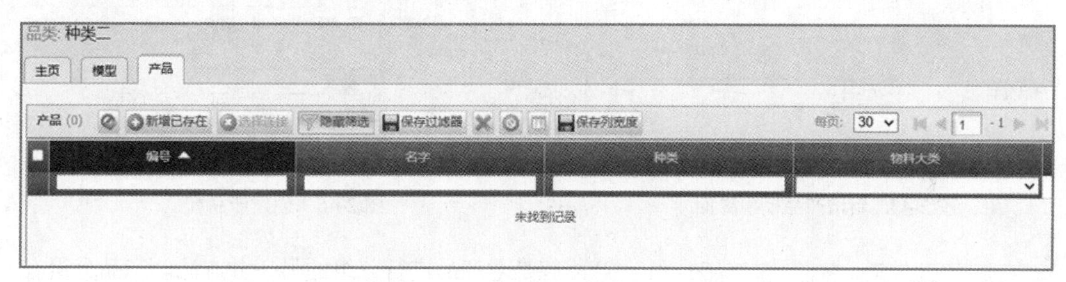

图 2-43　将产品分类

2. 产品模型

模型组的产品具有相似的特点。模型中设定的信息将在订单组输出时显示。

产品模型通过 MES 中的模型管理功能实现。在导航界面中选择“产品-模型”选项，可进入模型管理界面，如图 2-44 所示。

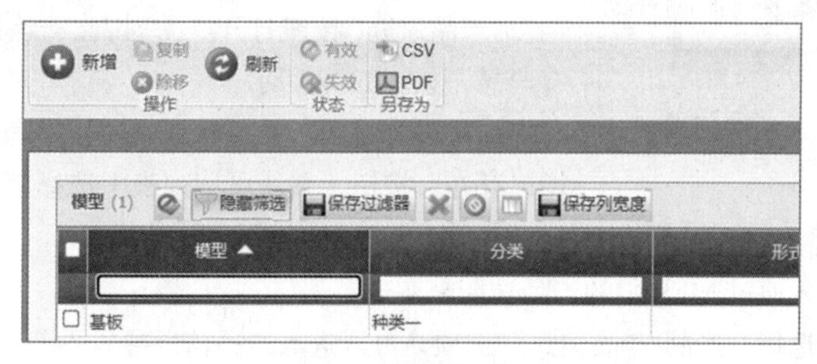

图 2-44　模型管理界面

单击“新增”按钮可进入新增产品模型界面，如图 2-45 所示。

新增产品模型界面的部分参数说明如下。

- “分类”指模型可能属于的产品分类。用户可以从下拉列表中选择适当的分类。
- “形式”指用户在设定生产目标型号的产品时需要使用什么形式。
- “产品类型”需要在字典中设定后再选择。如果用户生产不同类型的产品，并希望向员工展示此型号属于哪个组（如裤子、T 恤和运动衫），就可以使用该选项。
- “标签”指用户为模型分配的标签，该标签应用于产品。

3. 产品家庭（产品系列）

用户可以通过产品家庭并根据适当的层次结构对产品进行分组排序。例如，在向供应商生成报价请求时，如果供应商提供了几种不同但却具有共同特征的产品，那么用户可以创建一个产品家庭，然后将这几种不同的产品并入一个产品系列，此时可对该产品系列进行报价查询，而无须单独查询每个产品的报价。

创建产品家庭时，需要先创建一种产品，并在“产品族”选项卡中的“象征”下拉列表中选择“产品族”选项，从而创建该产品的产品族，如图 2-46 所示。

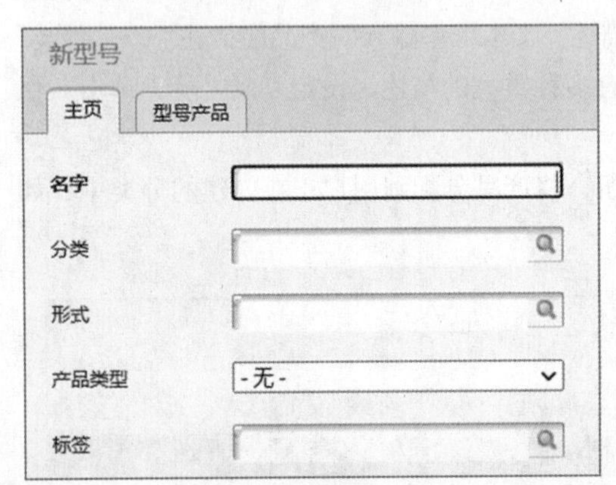

图 2-45　新增产品模型界面

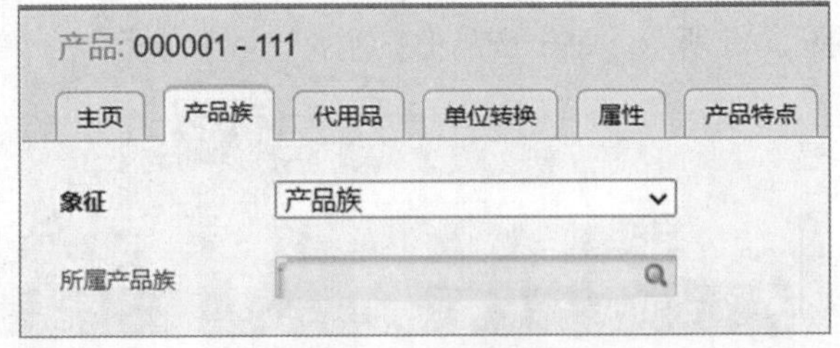

图 2-46　创建产品族

图 2-47　产品家庭界面

产品族是对产品进行分组的另一种方法。产品分组有几种不同的方法，用户可以选择最方便的方法，或者用上每一种方法，以便根据不同的标准对产品进行分组。

在导航界面中选择“产品-产品家庭”选项，可以进入产品家庭界面，在此可以看到所有产品家庭，如图 2-47 所示。

如果用户想要查看特定产品或分配新产品，则可单击“展示产品家庭”按钮打开产品列表，查看产品家庭中的所有产品，如图 2-48 所示。

如果需要将新产品关联到该产品家庭，则可以单击“新增已存在”按钮，并从可用列表中选择该新产品。

4. 产品信息

产品信息的导入通过 MES 中的产品功能来实现。

在导航界面中选择“产品-产品信息”选项，可以进入产品信息导入界面，如图 2-49 所示。

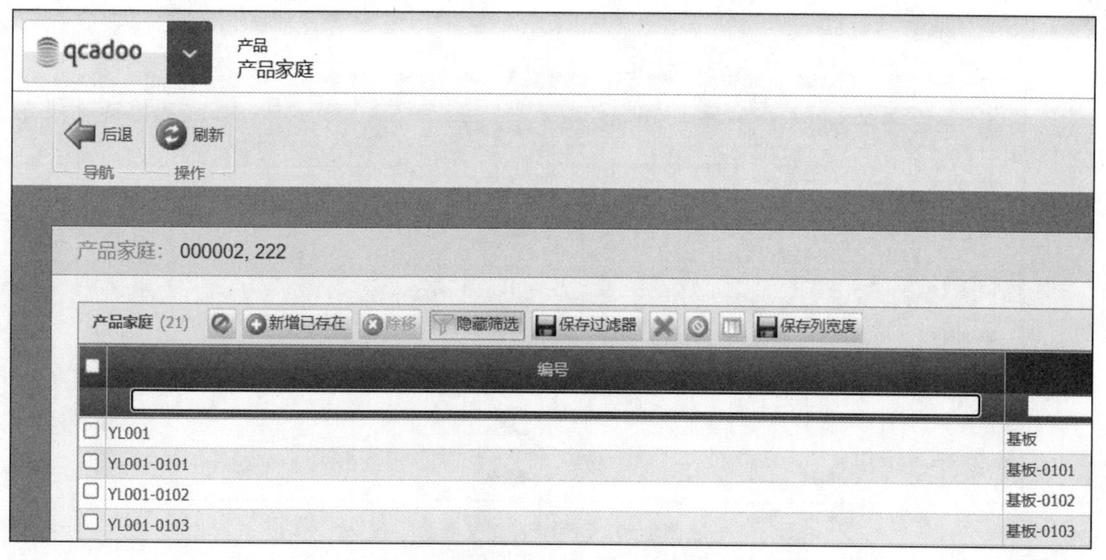

图 2-48　查看产品家庭中的所有产品

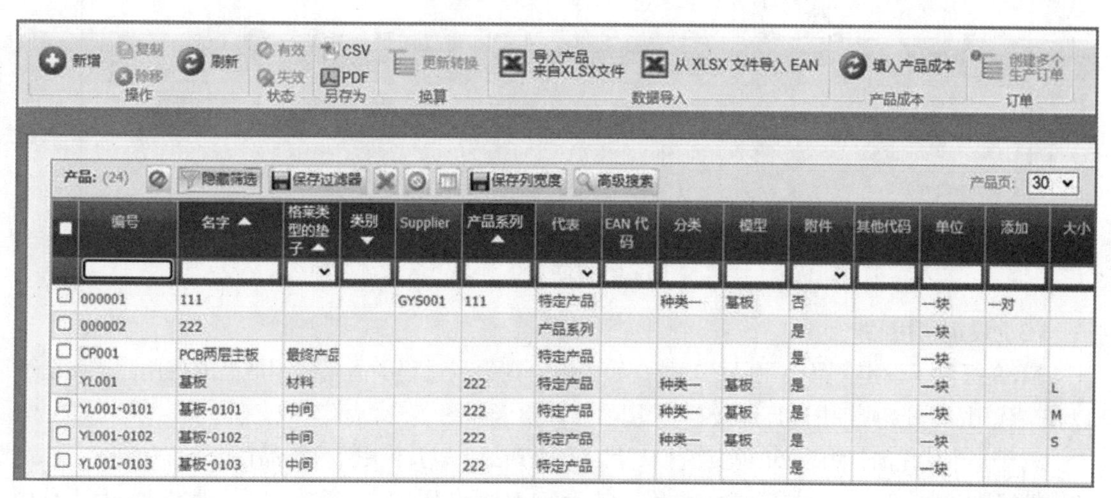

编号	名字	格莱类型的垫子	类别	Supplier	产品系列	代表	EAN 代码	分类	模型	附件	其他代码	单位	添加	大小
000001	111			GYS001	111	特定产品		种类一	基板	否		一块	一对	
000002	222					产品系列				是		一块		
CP001	PCB两层主板	最终产品				特定产品				是		一块		
YL001	基板	材料			222	特定产品		种类一	基板	是		一块		L
YL001-0101	基板-0101	中间			222	特定产品		种类一	基板	是		一块		M
YL001-0102	基板-0102	中间			222	特定产品		种类一	基板	是		一块		S
YL001-0103	基板-0103	中间			222	特定产品				是		一块		

图 2-49　产品信息导入界面

在产品信息导入界面中，用户可以进行以下操作。

- 手动添加产品。
- 从 Excel 中导入产品信息。
- 创建生产订单。
- 更新产品成本。

（1）新增产品

在信息导入界面中单击“新增”按钮，可以进入新增产品定义界面，如图 2-50 所示。在新增产品定义界面中，按照需求输入新产品的信息，包括产品的编号、名字，以及物料大类（产品类型）和单位。

（2）设定产品族

MES 提供了为产品设定产品族的功能，用户可以在“产品族”选项卡中进行设定，在“象征”下拉列表中选择“特定产品”选项，将“所属产品族”设置为已经定义的产品族，如图 2-51 所示。

产品: CP001 - PCB两层主板

主页 产品族 代用品 单位转换 属性 产品特点 附加代码 附件 Costs 批次

编号 CP001

名字 PCB两层主板

物料大类 成品

默认单位 一块

附加单位 - 无 -

EAN编码

种类 - 无 -

描述

制造商

Supplier

品类

模型

图 2-50　新增产品定义界面

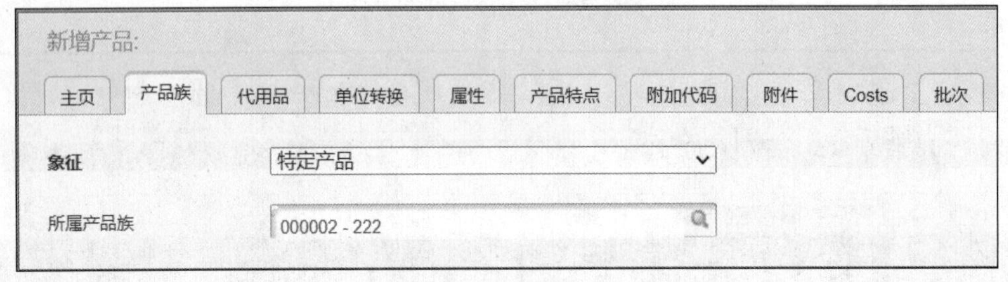

图 2-51　“产品族”选项卡

（3）设定代用品

MES 提供了设定产品代用品的功能，如果用户在生产过程中需要使用产品的代用品，那么可以在“代用品”选项卡中进行定义。“代用品”选项卡如图 2-52 所示。

对于每个代用品，用户必须确定它们替代了什么产品，以及代用品和产品在量方面的转换关系。以木糖醇和白糖为例，当计划使用木糖醇作为 1 千克白糖的代用品时，需要 1.1 千克木糖醇。因此代用品和计划产品的比例并不总是 1∶1，而需要根据实际情况进行设定。通过在代用品列表中选择合适的产品，用户可以更快地输入代用品列表。此时，用户可以单击“添加许多替换”按钮，添加多个代用品。

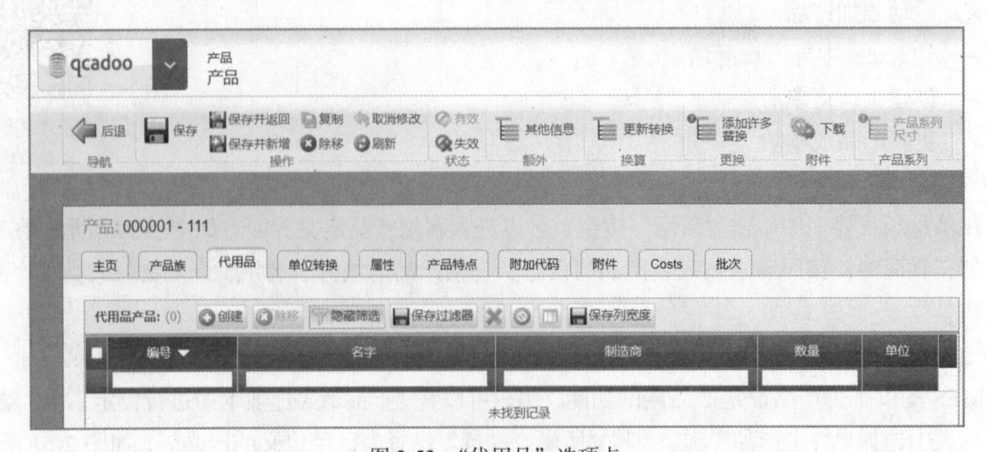

图 2-52　“代用品”选项卡

（4）设定单位转换

MES 提供了产品单位转换的功能，如果用户计划以基本单位以外的单位输入产品数量，那么可以在“单位转换”选项卡中定义这些单位之间的转换比例。“单位转换”选项卡如图 2-53 所示。界面左侧为基本单位，右侧可指定为任何其他单位。例如，如果一个纸箱中存放了 20 件产品，则相应的转换比例为：1 箱=20 件。

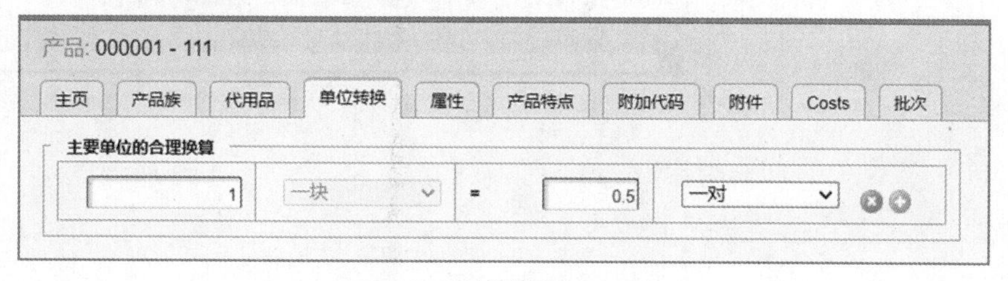

图 2-53　“单位转换”选项卡

微课

设定单位转换，
分配产品属性及
设定产品特点

（5）分配产品属性

MES 提供了分配产品属性的功能，用户可将属性分配给产品并指定其具体值。

在分配产品属性之前，需要定义产品属性。产品属性的定义通过 MES 中的产品属性功能实现。在导航界面中选择“基础-属性”选项，进入产品属性定义界面，如图 2-54 所示。

图 2-54　产品属性定义界面

单击“新增”按钮可进入新增产品属性界面，如图 2-55 所示。

新增产品属性界面的部分参数说明如下。

- “数据类型”下拉列表中包含“枚举”选项和“连续”选项。如果选择“枚举”选项，那么在右侧的表格中，员工在描述具有属性的产品或资源时可以从中选择可用值。如果选择“连续”选项，那么属性的值将在每次将属性分配给产品或资源的阶段确定，然后员工可以输入任何文本。
- “值类型”下拉列表中包含“文本”选项和“数字”选项。如果选择“文本”选项，则可以输入任何内容。如果选择“数字”选项，则只能输入数字，另外还可以指定精度和单位。
- “精度”“单位”用于指定属性的数值精度及单位。如果设置为 0，则只能输入整数。
- “产品属性”“资源属性”“质量控制属性”用于设置属性应该描述的内容。

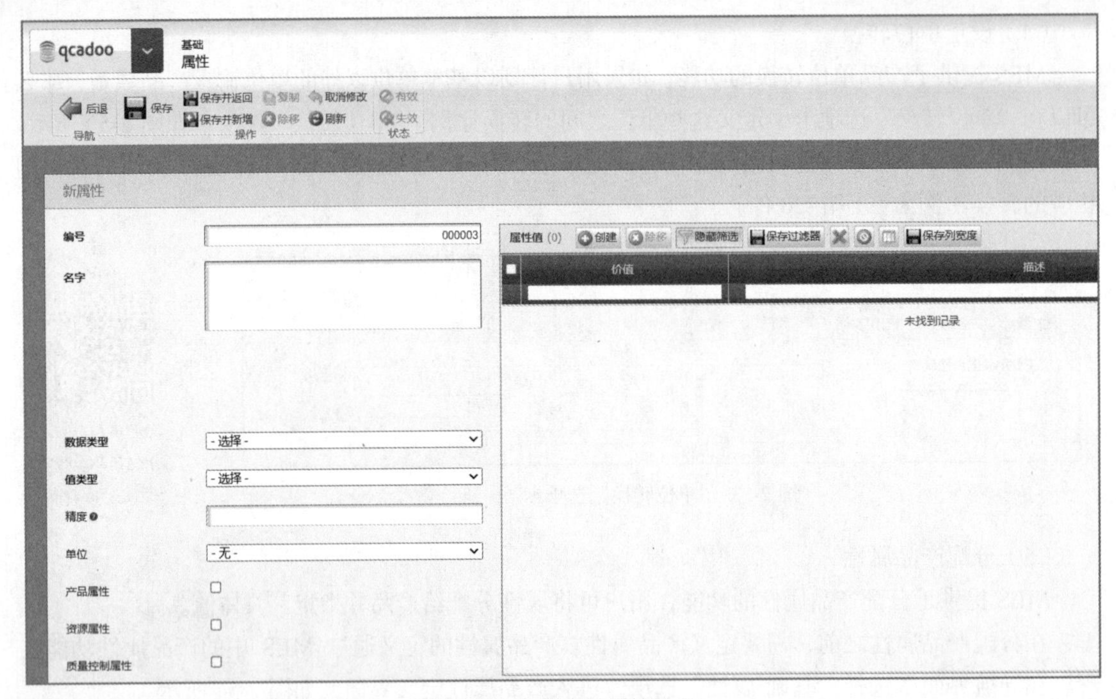

图 2-55　新增产品属性界面

完成产品属性的定义之后，在“属性”选项卡中分配产品属性。“属性”选项卡如图 2-56 所示。

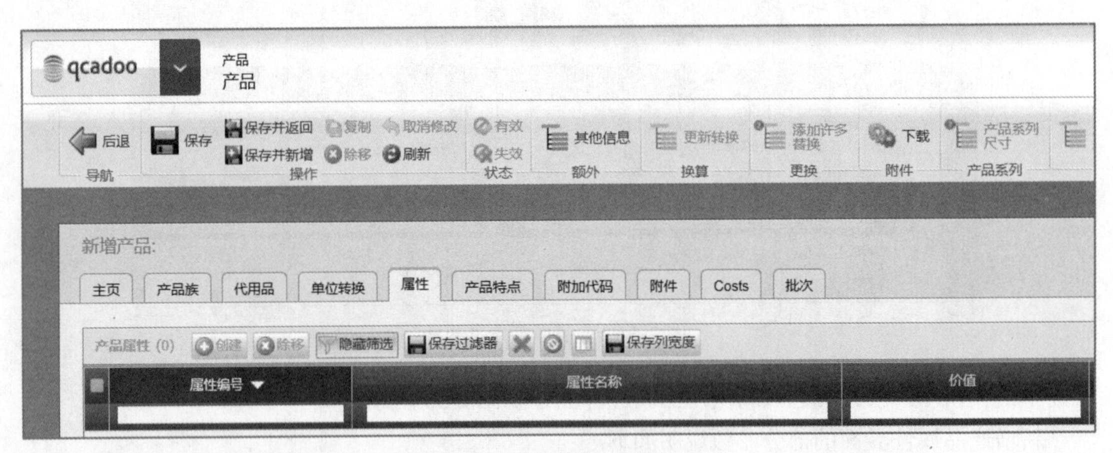

图 2-56　“属性”选项卡

单击“创建”按钮后，选择上面定义的产品属性。

（6）设定产品特点

MES 提供了设定产品特点的功能，用户可以在“产品特点”选项卡中定义产品的尺寸、有效性、形式等。“产品特点”选项卡如图 2-57 所示。

“产品特点”选项卡中的参数说明如下。

- “尺寸”用于设置产品尺寸。
- “有效性”是用户希望所生产产品的有效期，在文本框中输入以月份为单位的时间，系统将在订单开始之后注明有效日期。

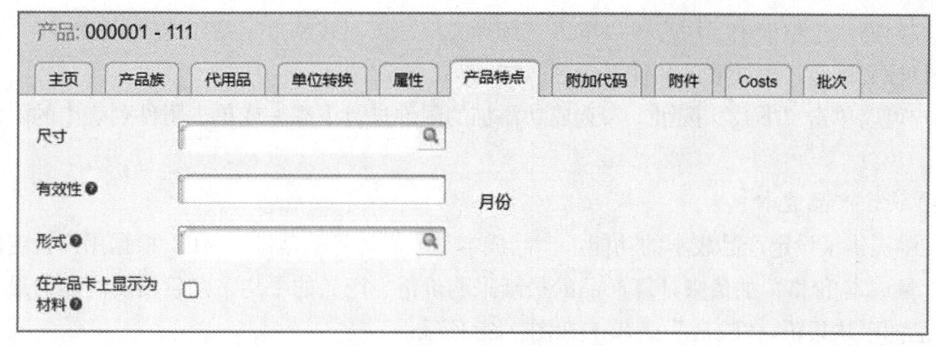

图 2-57 “产品特点”选项卡

- “形式”用于注明产品在生产中将采用哪一种形式。
- “在产品卡上显示为材料”复选框被勾选之后，当该产品用于工艺流程时，该产品将在产品卡上显示为材料。

（7）设定附加代码

MES 提供了设定产品附加代码的功能，当同一产品由不同供应商编制索引时，可以为产品设定不同的附加代码。“附加代码”选项卡如图 2-58 所示。

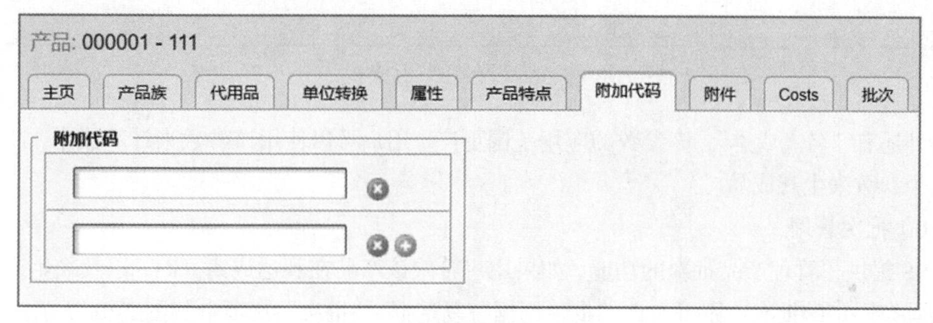

图 2-58 “附加代码”选项卡

（8）添加产品附件

MES 提供了添加产品附件的功能，产品附件有多种，例如技术图纸、证书或其他文档，有利于更加详细地描述产品。“附件”选项卡如图 2-59 所示。

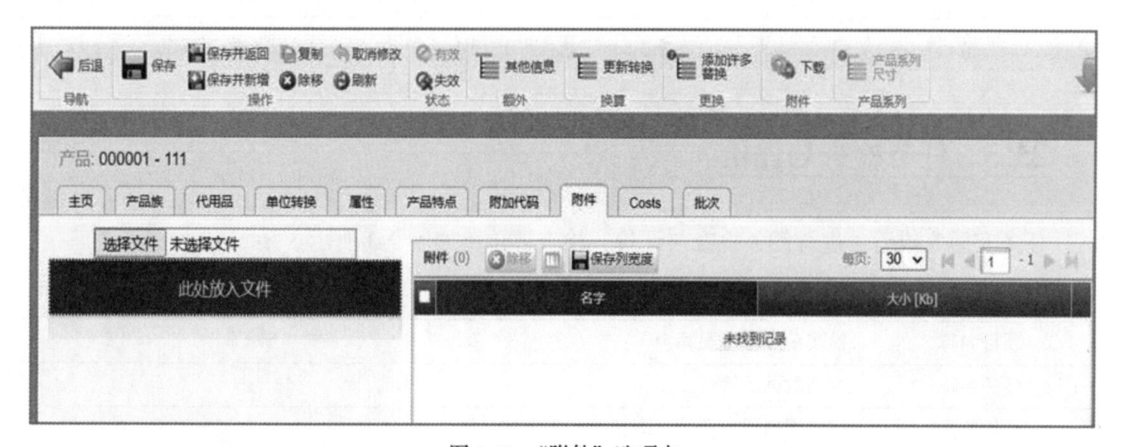

图 2-59 “附件”选项卡

在“附件”选项卡中，用户可以单击“选择文件”按钮并从指定路径选择目标文件，或者直接拖动目标文件至“此处放入文件”黑色区域。

用户可以单击“下载”按钮，勾选成功添加的附件进行下载，或单击附件列表中的附件进行预览。

（9）设定产品成本

MES 提供了设定产品成本的功能，产品成本是成本计算的基础。MES 根据用户设定的参数“此为批量成本/价格”的值来计算产品的最新采购价格、产品的平均采购价格、产品的最新报价以及产品的平均报价。“Costs”选项卡如图 2-60 所示。

图 2-60 “Costs”选项卡

另外还有“名义成本”，该参数的应用范围更广。用户可以使用该参数来计算成本，同时也可以按这个参数来生产成品。

（10）批次管理

MES 提供了管理产品批次的功能，如果用户希望该产品在到达或离开时，以及在生产报告期间始终具有固定的批次，则可勾选“批量证据”复选框。“批次”选项卡如图 2-61 所示。

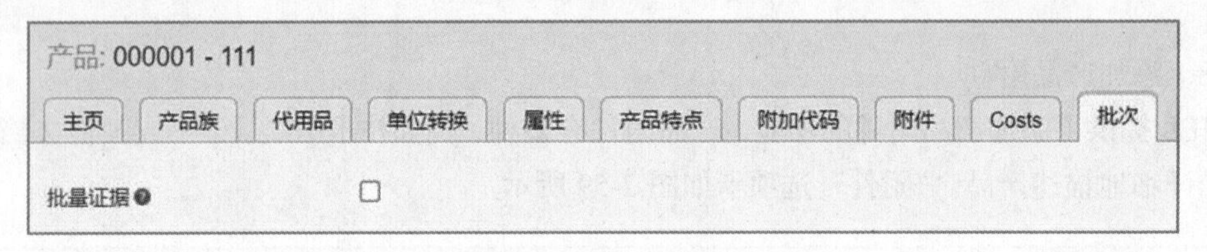

图 2-61 “批次”选项卡

2.2.5 任务检查与评价

任务实施完成后，进行任务检查与评价，检查评价单如表 2-3 所示。

表 2-3 检查评价单

项目名称	扮演系统管理员角色
任务名称	产品数据的管理
评价方式	可采用自评、互评、老师评价等方式
说　　明	主要评价学生在任务 2.2 中的学习态度、课堂表现、学习能力等

续表

评价内容与评价标准				
序号	评价内容	评价标准	分值	得分
1	知识运用（20%）	掌握相关理论知识，理解本次任务要求，制订了详细计划，且计划条理清晰、逻辑正确（20 分）	20 分	
		理解相关理论知识，能根据本次任务要求制订合理计划（15 分）		
		了解相关理论知识，制订了计划（10 分）		
		没有制订计划（0 分）		
2	专业技能（40%）	能够快速完成 MES 产品数据的管理和维护，实验结果准确（40 分）	40 分	
		能够完成 MES 产品数据的管理和维护，实验结果准确（30 分）		
		能够完成 MES 产品数据的管理和维护，但需要帮助，实验结果准确（20 分）		
		没有完成任务（0 分）		
3	核心素养（20%）	具有良好的自主学习能力、分析并解决问题的能力，整个任务过程中有指导他人（20 分）	20 分	
		具有较好的学习能力、分析并解决问题的能力，整个任务过程中没有指导他人（15 分）		
		能够主动学习并收集信息，具有请教他人以解决问题的能力（10 分）		
		不主动学习（0 分）		
4	课堂纪律（20%）	设备无损坏、设备摆放整齐、工位保持整洁、没有干扰课堂秩序（20 分）	20 分	
		设备无损坏、没有干扰课堂秩序（15 分）		
		没有干扰课堂秩序（10 分）		
		干扰课堂秩序（0 分）		
总得分				

2.2.6　任务小结

本任务通过使用 MES 进行产品数据的管理和维护，帮助读者了解 MES 产品数据的定义，掌握使用 MES 进行产品数据管理和维护的方法。任务 2.2 思维框架如图 2-62 所示。

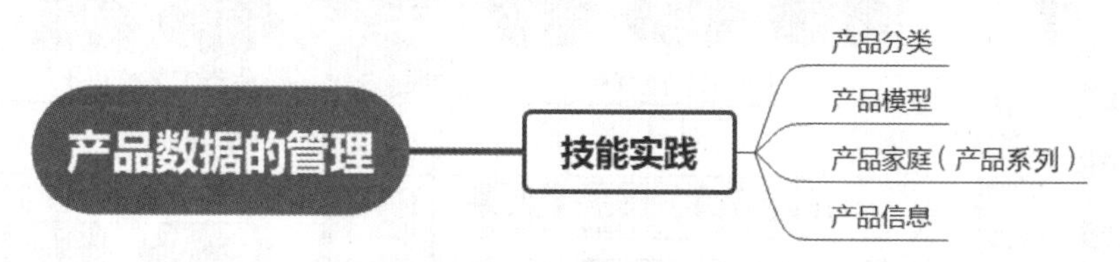

图 2-62　任务 2.2 思维框架

任务 2.3　工艺数据的管理

2.3.1　职业能力目标

- 能根据功能需求，使用 MES 进行工艺数据的管理和维护。

2.3.2 任务要求

- 根据生产加工步骤，创建工序数据。
- 根据生产流程，创建工艺数据。

2.3.3 知识链接

在图 2-1 的基础上对工序、生产工艺流程进行补充说明。

1. 工序

工序是产品的一个生产加工步骤。在一个生产车间里，可以规定一个生产加工步骤只允许在一个工位上进行，也可以规定一个生产加工步骤允许在若干个工位中的任意一个工位上进行。因此一道工序可以对应一个工位，也可以对应多个工位。

2. 生产工艺流程

生产工艺流程包括生产一个产品要经过的所有加工步骤，以及这些加工步骤的顺序关系。生产工艺流程通常被画成一张工序顺序图，这就是生产工艺流程。一个产品对应一个生产工艺流程。

图 2-63 为生产工艺流程与生产线体的关系，包含了工序、工位、工序工位规则、生产工艺流程和生产线体。图中定义了六道工序（工序 A~工序 F）、八个工位（工位 1~工位 8）、三条工序工位规则（工序 A 对应工位 1，工序 B 对应工位 2 和工位 3，工序 C 对应工位 4），为两个产品分别定义了生产工艺流程（生产工艺流程 A 和生产工艺流程 B）。生产工艺流程 A 对应两条生产线体（线体 1 和线体 2），生产工艺流程 B 对应一条生产线体（线体 3）。

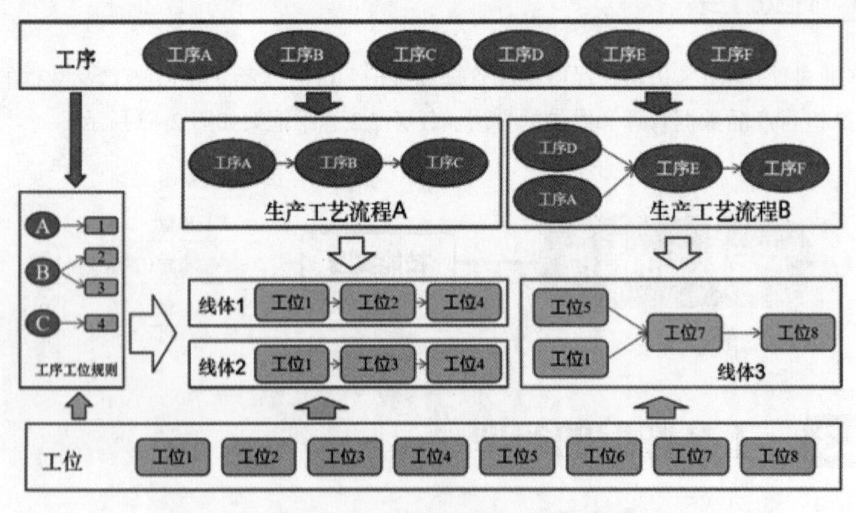

图 2-63 生产工艺流程与生产线体的关系

图 2-64 是本项目所涉及的 PCB 工艺流程，由工序、生产工艺流程、生产设备和生产对象四部分组成。

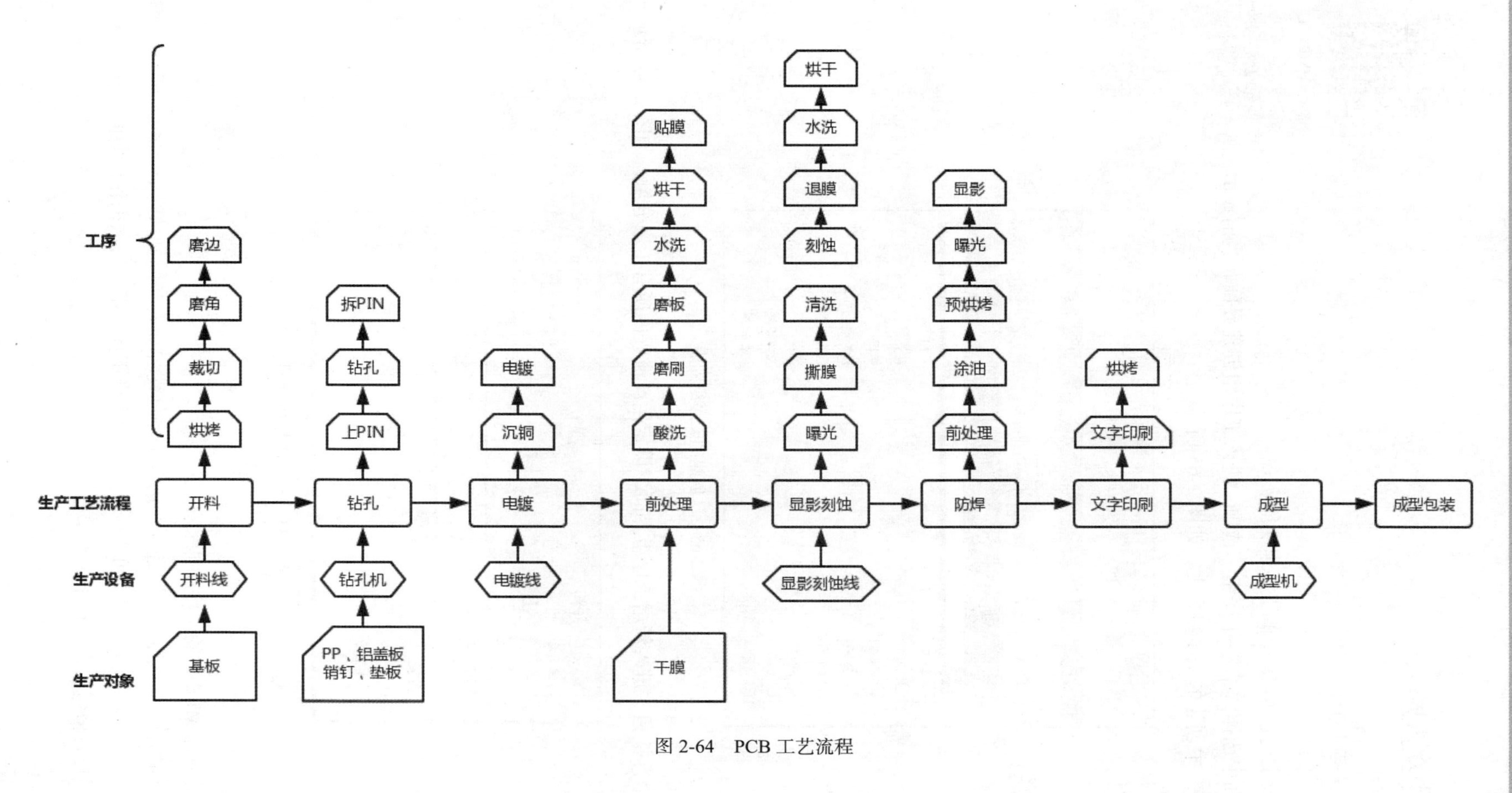

图 2-64　PCB 工艺流程

2.3.4 任务实施

微课

设定工序组、定义新工序、设定工作站以及设定工序所需的技能

1. 工序管理

（1）设定工序组

工序组的设定通过 MES 中的工序组功能实现。

在导航界面中选择“工艺-工序组”选项，进入工序组创建界面，当前显示的是已经在 MES 中创建的工序组列表，如图 2-65 所示。

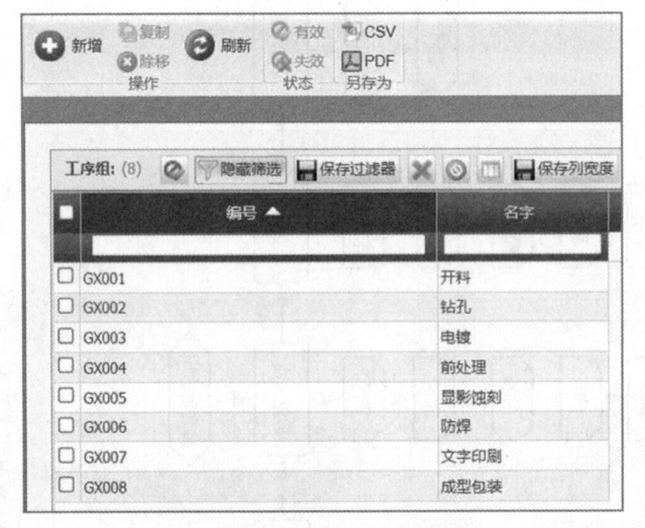

图 2-65　已创建的工序组列表

单击“新增”按钮，进入新增工序组界面，设定生产流程的所有工序分组，如图 2-66 所示。

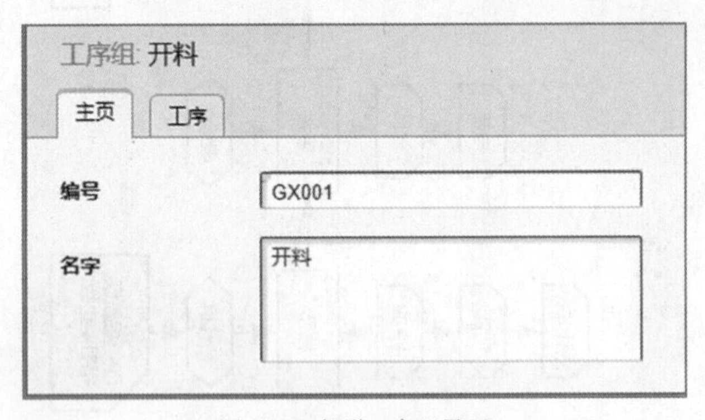

图 2-66　新增工序组界面

（2）定义新工序

工序的定义通过 MES 中的工序功能实现。

在导航界面中选择“工艺-工序”选项，进入工序创建界面，当前显示的是已经在 MES 中创建的工序列表，如图 2-67 所示。用户可以定义所有的生产工序，定义每次操作的时间和执行操作的成本，定义用户希望包含在工作卡上的信息。

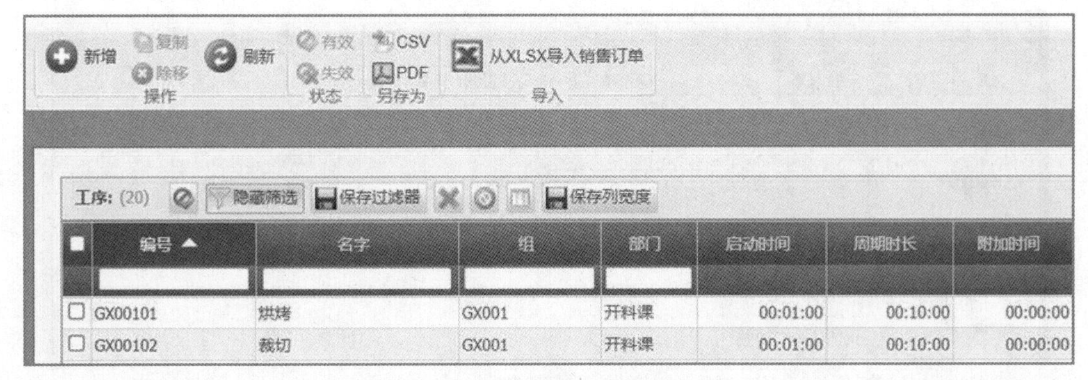

图 2-67　已创建的工序列表

单击“新增”按钮，进入新增工序界面，添加新的工序，如图 2-68 所示。在该界面中，设定新工序的编号和名字，在“描述”文本框中可以输入有关如何执行该工序的详细信息，可以单击“附件”右侧的按钮，上传带有设备指令的图形文件或所用设备的参数等。

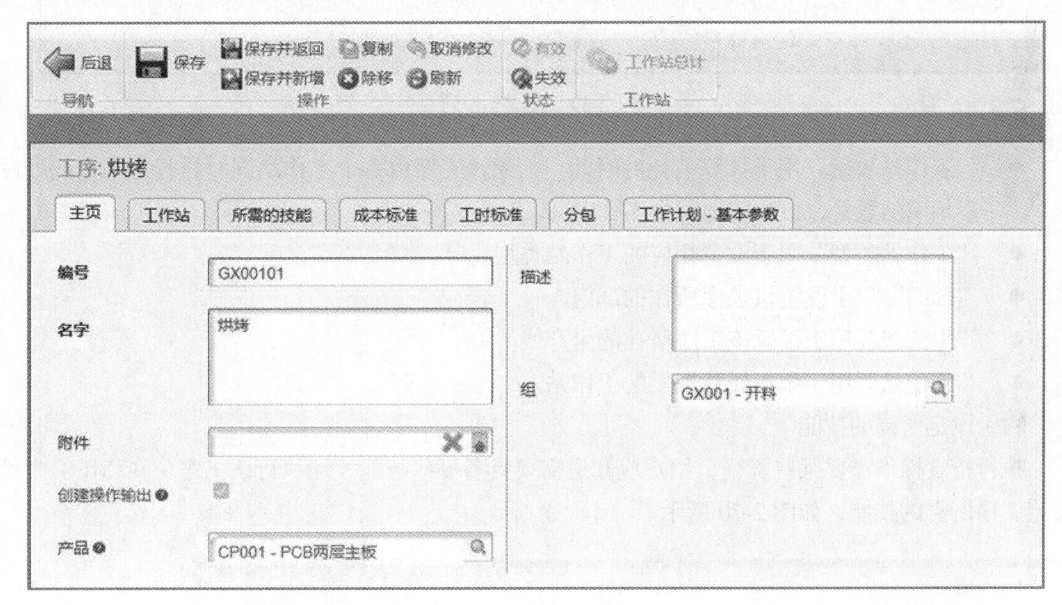

图 2-68　新增工序界面

新增工序界面的部分参数说明如下。

- “组”用于将工序与对应的工序组绑定。
- “产品”用于指定工序输出的产品，需要注意的是，每道工序都必须有输出的产品。

（3）设定工作站

每道工序都在特定的地方执行，例如部门、生产线，甚至工作站。单击“工作站”选项卡，用户可以在此输入执行该工序的位置，如图 2-69 所示。

“工作站”选项卡的部分参数说明如下。

- “分配到工序”下拉列表包含“工作站”和“工作站类型”选项。当选择“工作站”选项时，将激活“部门”和“生产线”选择搜索框；当选择“工作站类型”选项时，将激活“工作站类型”的选择框。

图 2-69　设定工作站

- “工作站数量”用于计算消耗的时间。如果该工序由多个工作站同时执行，则在此处设定相应的数量，以相应地减少工作时间。
- “工作站类型”用于设置相应的工作站类型。
- “部门”用于设置该工序所在的部门。
- “生产线”用于设置该工序所在的生产线。
- “工作站”用于添加任意数量的工作站。

（4）设定所需的技能

执行指定操作需要某些资格，用户应知道需要具备哪些技能才能执行该工序。在 MES 中可设定工序所需的技能，如图 2-70 所示。

图 2-70　设定所需的技能

微课

设定成本标准与工时标准

（5）设定成本标准

为了准确确定生产成本，需要在 MES 中设定工序的成本标准，如图 2-71 所示。

成本标准应考虑以下两种核算方法。

在“计件成本”文本框中输入完成该工序需要消耗的成本，在“若干工序”文本框中设定左

侧输入的金额涵盖了多少道工序。

图 2-71　设定成本标准

在“人工小时成本”和“设备小时成本”文本框中分别输入员工每小时的工作成本和设备每小时的工作成本。

无论是根据工作时间还是根据特定任务的执行情况对员工进行核算，用户都可以准确确定生产成本。

（6）设定工时标准

工时标准作为确定执行时间的依据，将决定合同或生产计划的持续时间，以及计划的劳动力成本。在 MES 中可设定工时标准，如图 2-72 所示。

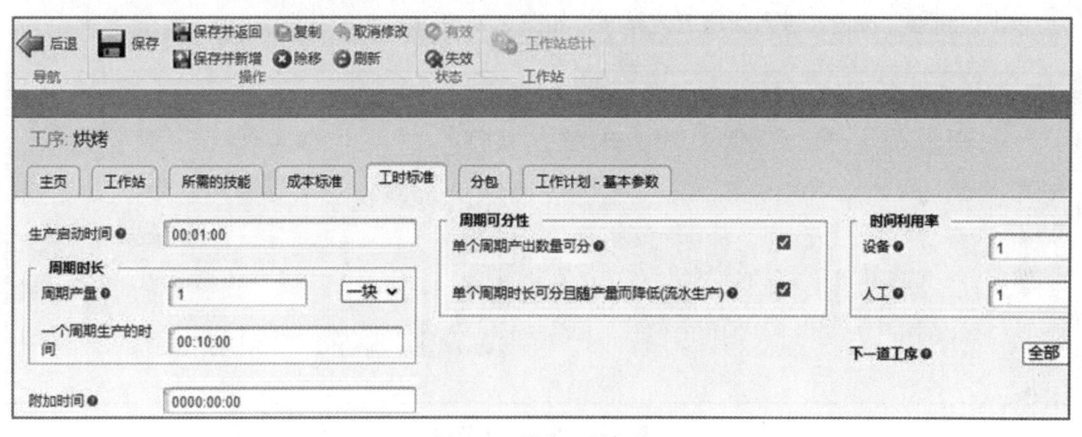

图 2-72　设定工时标准

“工时标准”选项卡的参数说明如下。

- “生产启动时间”包括准备工作场所和启动机器所需的时间，以及完成对机器进行操作的时间。该值与生产的产品数量无关，仅与场地和设备有关。
- “周期产量”是进行一次操作生产的产品数量。
- “一个周期生产的时间”是单位时间，也就是执行该工序需要的时间。
- “附加时间”是进入下一道工序需要的额外时间。
- “单个周期产出数量可分”用于在一个操作周期内，如果用户可以执行的产品单位少于周期产量，则可以勾选此复选框。
- “单个周期时长可分且随产量而降低(流水生产)”表示周期数量是可分割的。如果用户在连续生产中产品的产量低于工序中规定的产量，则只完成了部分周期，此时需勾选此复选框。

- “设备”是设备运行的时间占总时间的比重。
- “人工”是人工操作的时间占总时间的比重。
- “下一道工序”是生产多少数量的产品后可以进入下一道工序。

2. 工艺管理

（1）创建新工艺

工厂制造的每一种产品都对应着一项单独的工艺。工艺的设定通过 MES 中的工艺管理功能实现。

在导航界面中选择“工艺-工艺”选项，进入工艺创建界面，如图 2-73 所示。

新增 复制 除移 操作 刷新 有效 失效 状态 CSV PDF 另存为 批准 审核 拒绝 状态 更改参数 设置为默认值 行动 创建计算 成本计算

工艺: (2) 隐藏筛选 保存过滤器 保存列宽度 每页: 30 1 -1

编号	名字	产品编号	物料大类	状态	默认	组	部门	绩效标准	创建日期	生产线	分类	Załącz...	接受模板	生成用于
CP001-002	工艺 PCB双层板 (CP001) -	CP001	成品	已批准	是				2021-09-27			是	是	
CP001-001	工艺 华为P40主板 (CP001)	CP001	成品	已批准	否				2021-09-26			是	是	

图 2-73　工艺创建界面

单击“新增”按钮，进入新增工艺界面，如图 2-74 所示。

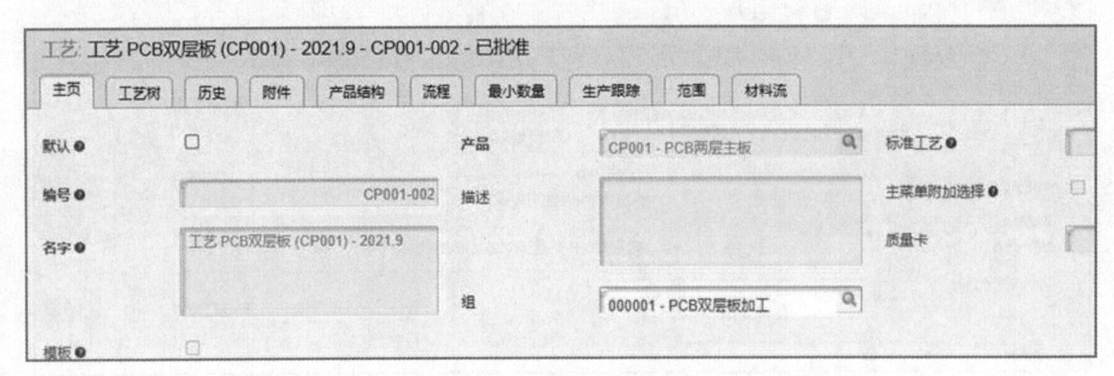

图 2-74　新增工艺界面

新增工艺界面的部分参数说明如下。

- “默认”是指产品的默认工艺。用户可能在系统中定义了几种工艺，而一个产品只有一种默认工艺。因此，如果用户设定的工艺是主要的或最常用的，那么可以将其标记为默认工艺。
- “产品”的值取自“基础数据”中定义的产品列表。
- 选择产品后，工艺的“编号”和“名字”将自动完成填充。
- “模板”用于设定将该工艺用作工艺生成器中的模板。
- “组”用于设定该工艺所属的工艺组。

（2）建造工艺树

在 MES 中，所有工艺都以工艺树的形式构建。工艺树包含产品的最后一道工序（如包装）

到第一道工序（如裁切），如图 2-75 所示。

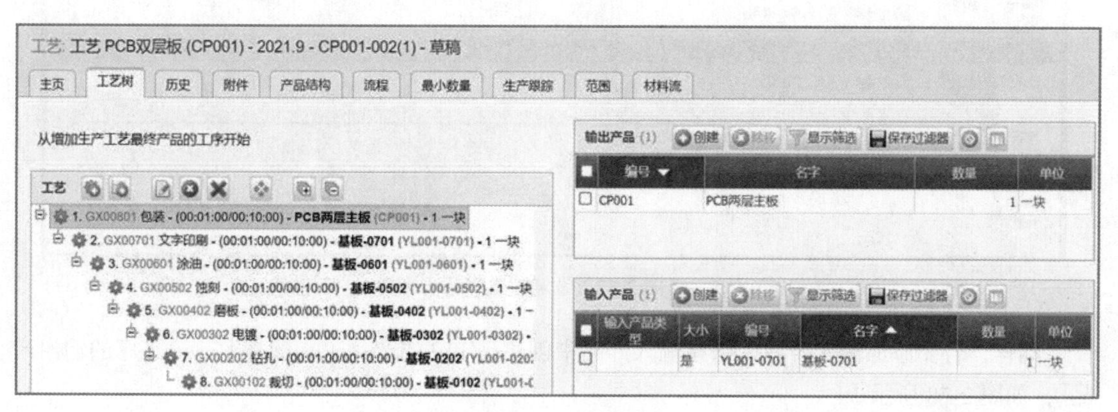

图 2-75　工艺树

① 添加工序。

单击“新增工序”按钮，弹出的新增工序定义界面如图 2-76 所示。选择用户预先定义的工序列表中的“工序”。根据选定的工序，完成“描述”和“附件”的设置，并设置“工作站”选项卡、“成本标准”选项卡、“工时标准”选项卡中的参数，以这种方式补充的信息可以自由修改，并且所做修改将只覆盖当前创建的工艺。

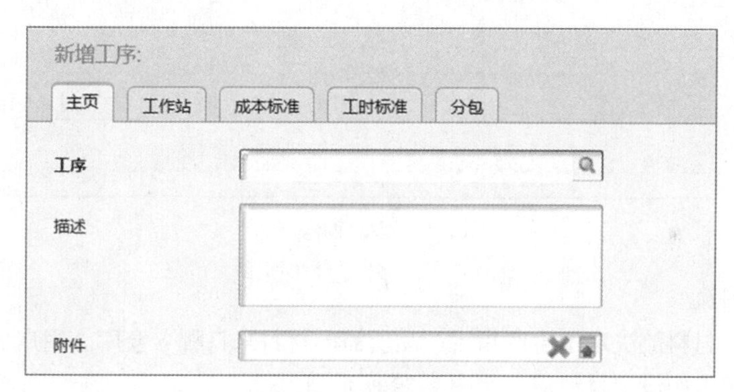

图 2-76　添加工序

② 编辑或删除工序。

为了编辑或删除工序，用户必须先在工艺树中选择某一道工序，这将激活用于编辑工艺树的按钮。相应按钮的说明如下。

- 若要修改添加到工艺树中的工序，则单击“编辑”按钮。
- 若要从工艺树上删除工序和其下所有的工序，则单击“删除”按钮。
- 若要从工艺树上删除工序，同时保留其下的工序，则单击“删除所选项”按钮。单击该按钮将仅删除选定的工序，并将下方的子工序与上方的父工序连接。

③ 将产品添加到工序中。

工艺树中的每一道工序，都需要设定包含的输入产品和输出产品。

先在工艺树中选择相应的工序，若要添加输出产品，则在输出产品中创建已定义的产品，如图 2-77 所示。在工艺树的最后一道工序中，生成工艺的最终产品时，系统将自动添加整个工艺的最终产品。

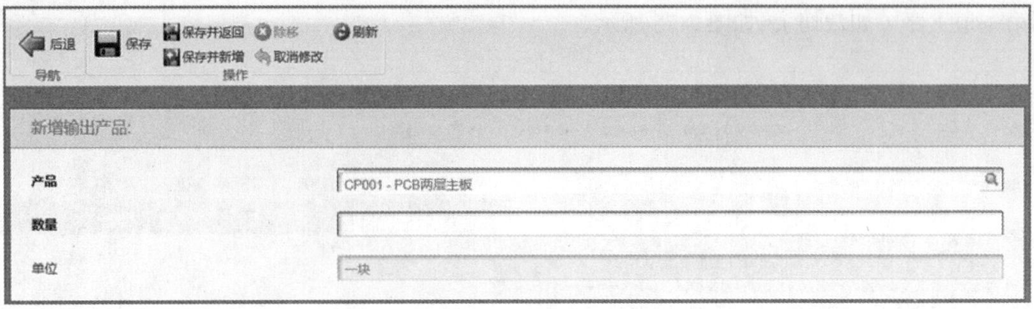

图 2-77　设定输出产品

同样，若要添加输入产品，则在输入产品中创建已定义的产品（一般是上一道工序的输出产品），如图 2-78 所示。

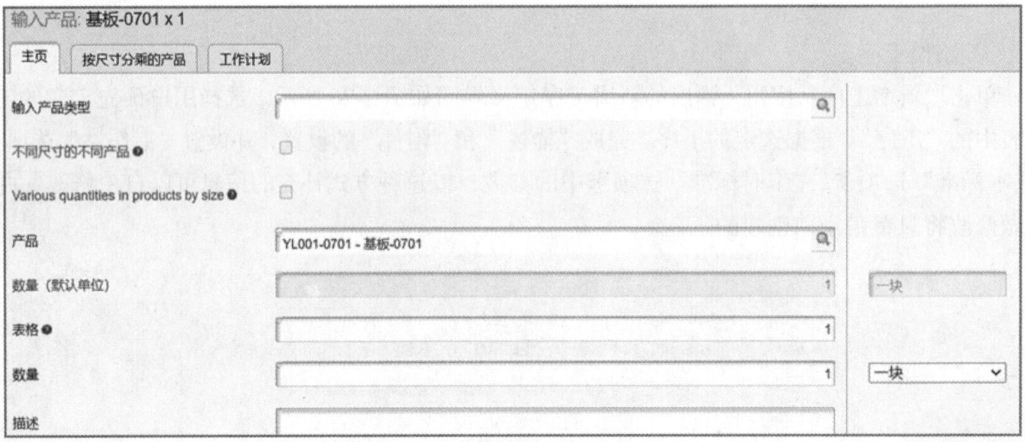

图 2-78　设定输入产品

微课

设定材料流并生成产品结构

（3）设定材料流

在 MES 中，材料流决定了生产指定产品所需的材料来自哪个仓库。用户可在“材料流”选项卡中设定材料流，如图 2-79 所示。

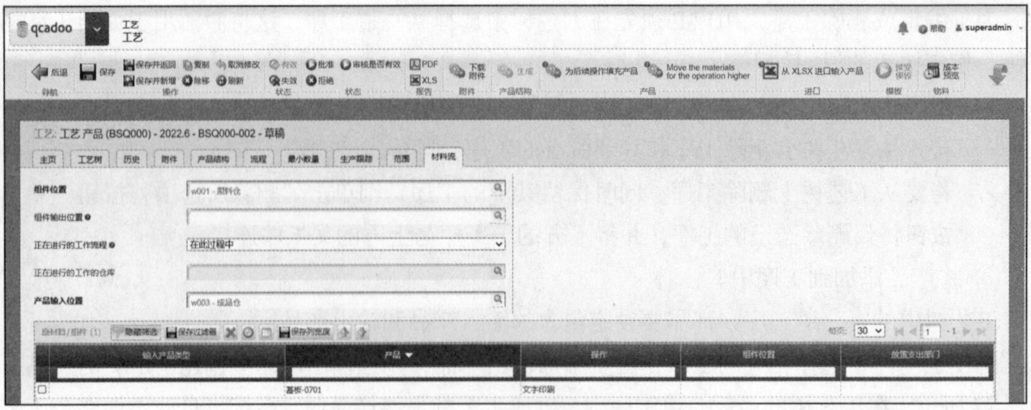

图 2-79　设定材料流

"材料流"选项卡的部分参数说明如下。

- "组件位置"用于设定原材料或组件所属的仓库。
- "产品输入位置"用于设定产品所属的仓库。

如果该工艺的范围为一个部门，那么用户设置的所有原材料、仓库都是相同的，并且所有半成品与成品也相同。此时，用户只需在上方的"组件位置"文本框中输入仓库，并单击"组件中的填充位置"按钮，如图 2-80 所示，系统将自动为组件补充仓库。

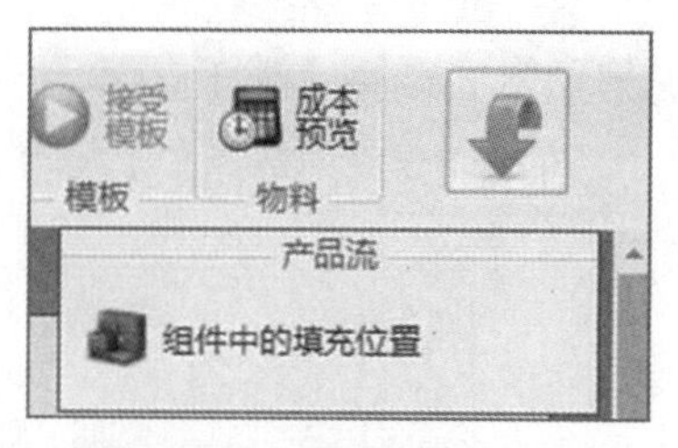

图 2-80　组件中的填充位置

（4）审核工艺是否有效

在 MES 中，当用户完成工艺树的创建之后，要确保用户输入的数据是正确的。此时用户可以单击"审核是否有效"按钮，以审核工艺树的构造是否正确。审核成功之后，用户便可以返回工艺树编辑或批准该项工艺了，如图 2-81 所示。

图 2-81　状态审核

（5）生成产品结构

在 MES 中，若该工艺经过审核批准，则可单击"生成"按钮生成产品结构，如图 2-82 所示。产品结构包含了使用该工艺生成最终输出产品的所有工序和其对应的产品。若该界面中出现绿色的产品，则说明该产品为组件，具有自己的工艺。

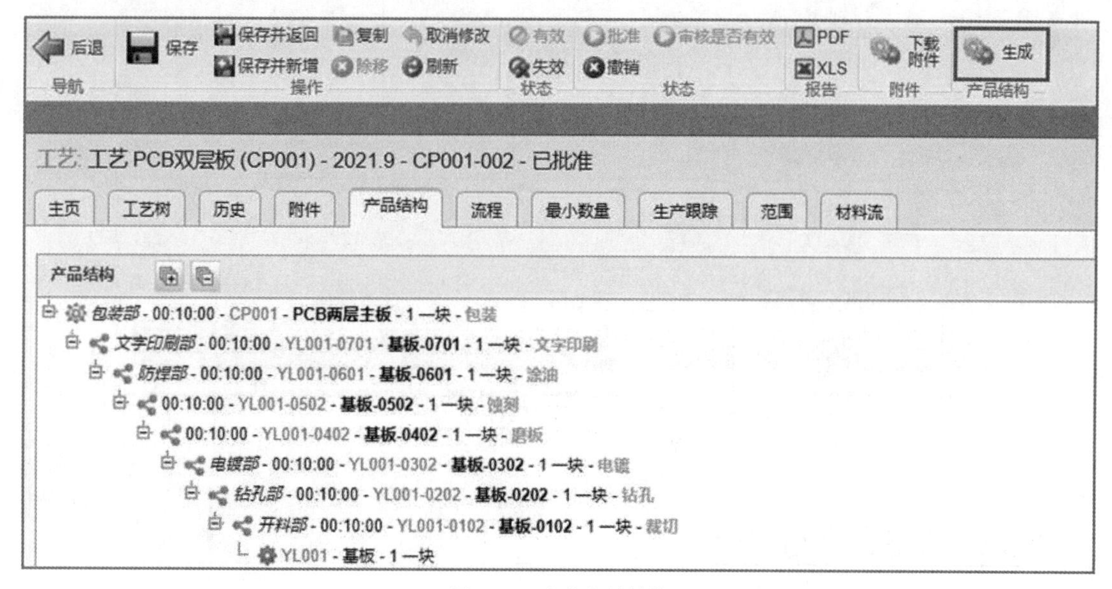

图 2-82　生成产品结构

3. 工艺组管理

工艺组的设定通过 MES 中的工艺组管理功能实现。

在导航界面中选择“工艺-工艺组”选项，进入工艺组创建界面，如图 2-83 所示。

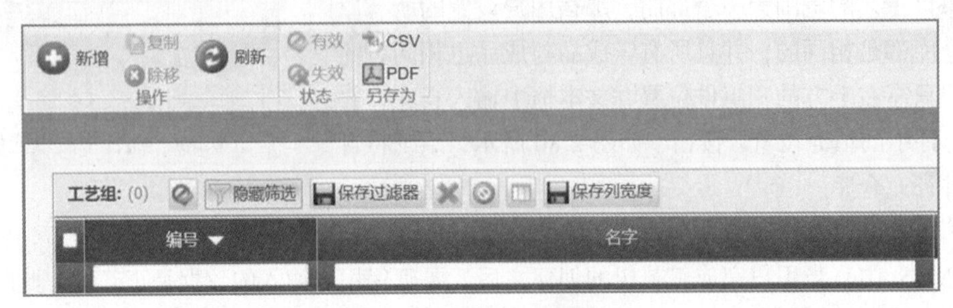

图 2-83　工艺组创建界面

单击“新增”按钮进入新增工艺组界面，如图 2-84 所示。在该界面中输入工艺组的编号及名字，要注意编号不能重复。

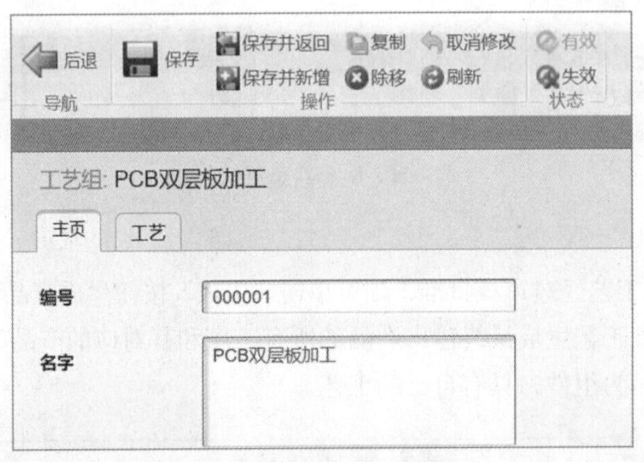

图 2-84　新增工艺组界面

在“工艺”选项卡中单击“新增已存在”按钮，将工艺组与工艺绑定，如图 2-85 所示。

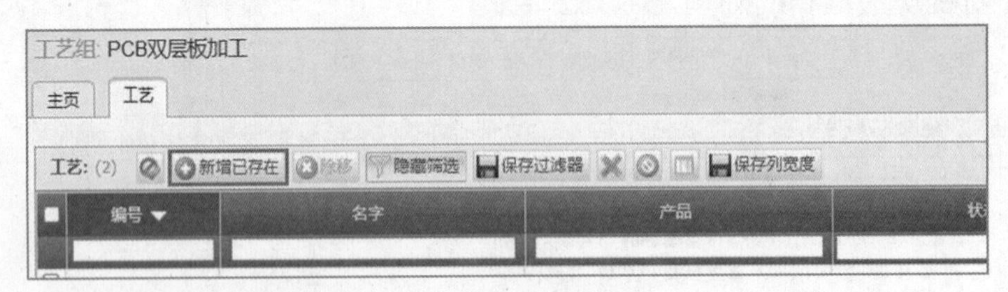

图 2-85　绑定工艺组与工艺

2.3.5　任务检查与评价

任务实施完成后，进行任务检查与评价，检查评价单如表 2-4 所示。

表 2-4 检查评价单

项目名称		扮演系统管理员角色		
任务名称		工艺数据的管理		
评价方式		可采用自评、互评、老师评价等方式		
说　明		主要评价学生在任务 2.3 中的学习态度、课堂表现、学习能力等		
评价内容与评价标准				
序号	评价内容	评价标准	分值	得分
1	知识运用（20%）	掌握相关理论知识，理解本次任务要求，制订了详细计划，且计划条理清晰、逻辑正确（20 分）	20 分	
		理解相关理论知识，能根据本次任务要求制订合理计划（15 分）		
		了解相关理论知识，制订了计划（10 分）		
		没有制订计划（0 分）		
2	专业技能（40%）	能够快速完成 MES 工艺数据的管理和维护，实验结果准确（40 分）	40 分	
		能够完成 MES 工艺数据的管理和维护，实验结果准确（30 分）		
		能够完成 MES 工艺数据的管理和维护，但需要帮助，实验结果准确（20 分）		
		没有完成任务（0 分）		
3	核心素养（20%）	具有良好的自主学习能力、分析并解决问题的能力，整个任务过程中有指导他人（20 分）	20 分	
		具有较好的学习能力、分析并解决问题的能力，整个任务过程中没有指导他人（15 分）		
		能够主动学习并收集信息，具有请教他人以解决问题的能力（10 分）		
		不主动学习（0 分）		
4	课堂纪律（20%）	设备无损坏、设备摆放整齐、工位保持整洁、没有干扰课堂秩序（20 分）	20 分	
		设备无损坏、没有干扰课堂秩序（15 分）		
		没有干扰课堂秩序（10 分）		
		干扰课堂秩序（0 分）		
总得分				

2.3.6 任务小结

本任务通过使用 MES 进行工艺数据的管理和维护，帮助读者了解生产过程中的工序与工艺，掌握使用 MES 进行工艺数据管理和维护的方法。任务 2.3 思维框架如图 2-86 所示。

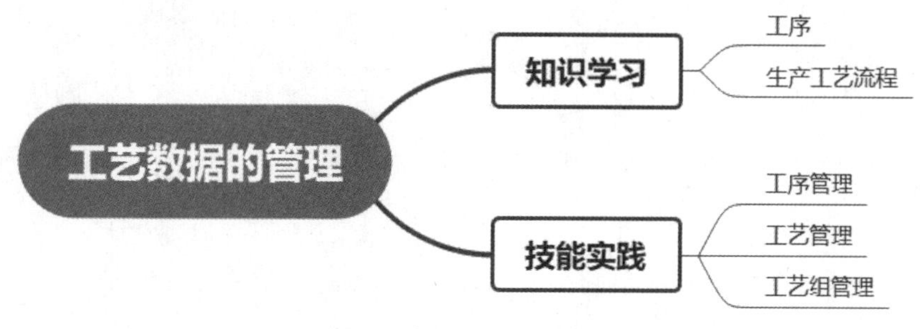

图 2-86 任务 2.3 思维框架

思考与练习

① 在 MES 中配置 PCB 工厂的基础数据。

② 简述管理产品数据的流程。

③ 简述管理工艺数据的流程。

项目3

扮演生产计划管理员角色

项目描述

生产计划管理员在企业中主要负责 MES 中的生产计划的制订、生产进度的控制与督促、生产数据的统计分析等。生产计划管理员需要根据对企业各种生产要素的分析，制订未来一段时间内的生产目标和实现生产目标的方案，并持续跟踪生产进度，协调处理生产异常，最终分析、总结整个计划的完成情况。生产计划管理是 MES 的核心功能。本项目要求学生扮演生产计划管理员这一角色，制订生产计划，跟踪生产，并进行生产分析，掌握 MES 中的生产计划管理功能。

任务 3.1 生产计划的制订

3.1.1 职业能力目标

- 能根据功能需求，使用 MES 在生产之前制订生产计划，制订销售计划，分派生产任务，并采集案例的生产数据。

3.1.2 任务要求

- 根据企业的实际需求，制订生产计划。
- 根据供销关系，制订销售计划，新建销售订单。
- 根据生产计划，安排班次任务。

3.1.3 知识链接

1. 销售订单

销售订单指的是企业与客户之间签订的一种销售协议。销售订单实际上是企业与客户之间的沟通结果，是客户对企业待售货物的一种请求，同时也是企业对客户的一种销售承诺。它是销售管理系统实质性功能的第一步，上接销售合同，下至销售发货。企业通过对销售订单信息的维护与管理，实现对销售的计划性控制，使企业的销售活动、生产活动、采购活动维持有序、流畅、高效的状态。

在企业的发展战略确定后，销售目标（财务目标）与订单发生变化时，企业需要迅速调整内部的生产资源，包括人力、机器设备、物料与供应商、技能、产线、仓库空间、线边仓空间、工程能力、IT 系统等资源。

销售订单有助于企业及时接收订单、发送订单、确认信息并生成发货单及发票。同时，销售订单还能对价格、可用量、客户信用、业务员信用以及部门信用等进行控制。

2. MES 中的生产过程管理

MES 中的生产过程管理实现了生产过程的闭环可视化控制，有效减少了等待时间，避免了库存过多和过量生产等现象。生产过程中采用条码、触摸屏和机床等多种方式实时跟踪生产计划的进度。生产过程管理旨在控制生产，实施并执行生产调度，追踪车间里工人的工作状态和工件的状态，对当前没有能力执行的工序进行外协处理，实现工序派工、工序外协和齐套等管理功能，可通过看板实时显示车间现场信息和任务进展信息等。

3. MES 中的生产任务管理

MES 中的生产任务管理包括生产任务的接收与管理、任务进度展示和任务查询等功能。MES 提供了所有项目信息，可查询指定项目，并展示项目的全部生产周期及完成情况，同时可展示生产进度，以日、周和月等为单位展示本日、本周和本月等的任务，并通过颜色划分任务所处的阶段，跟踪项目任务。

4. MES 中的生产计划与排产管理

MES 中的生产计划与排产管理是车间生产管理的重点和难点。提高车间的排产效率和生产计划的准确性是优化生产流程、提高生产管理水平的重要手段。车间接收到生产计划，相关负责人会根据当前的生产状况（能力、生产准备和在制任务等）和生产准备条件（图纸、工装和材料等），以及项目的优先级别及计划完成时间等，合理制订生产计划，监督生产进度和执行状态。

3.1.4 任务实施

1. 销售计划

在销售计划中用户可以标注生产计划产品的时间期限和预期产量。因此，用户可以通过销售计划，将计划产品的预期产量与客户订购的数量进行对比。同样，用户在生产产品时，也可以使用销售计划中的数据，委托生产并分析计划的执行情况。

在导航界面中选择“计划-销售计划”选项，进入图 3-1 所示的界面。

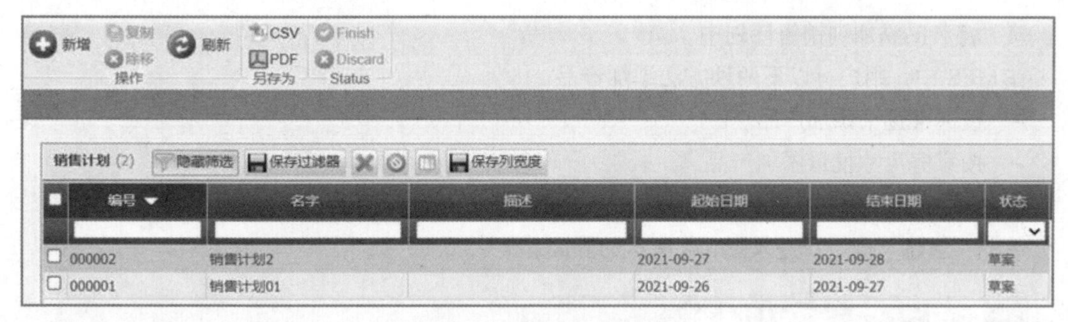

图 3-1　销售计划创建界面

单击“新增”按钮，进入图 3-2 所示的界面，新增一个销售计划。

图 3-2　新增销售计划界面

用户需设定销售计划的名字，输入该销售计划的描述，设定起始日期和结束日期。设定完毕之后，系统将自动分配唯一的计划编号。单击“计划产品”选项卡，进入图 3-3 所示的界面，新建并输入希望根据此计划生产的相关产品和生产数量等信息。

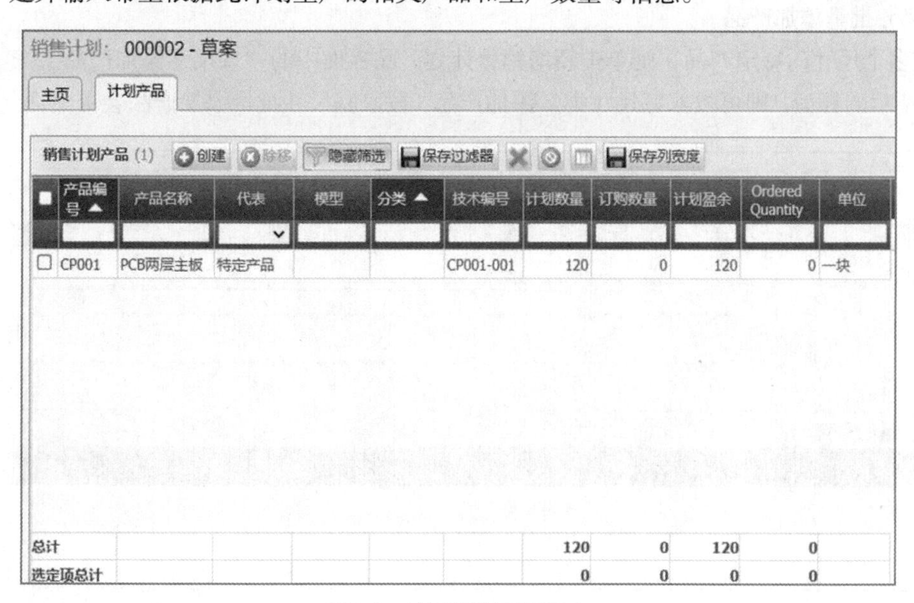

图 3-3　计划产品设定界面

（1）将产品添加到销售计划中

在 MES 中，用户有以下两种方法添加产品。

- 按标准逐个添加产品。
- 按家庭尺寸批量添加产品。

① 按标准逐个添加产品。

单击“创建”按钮，进入图 3-4 所示的界面。

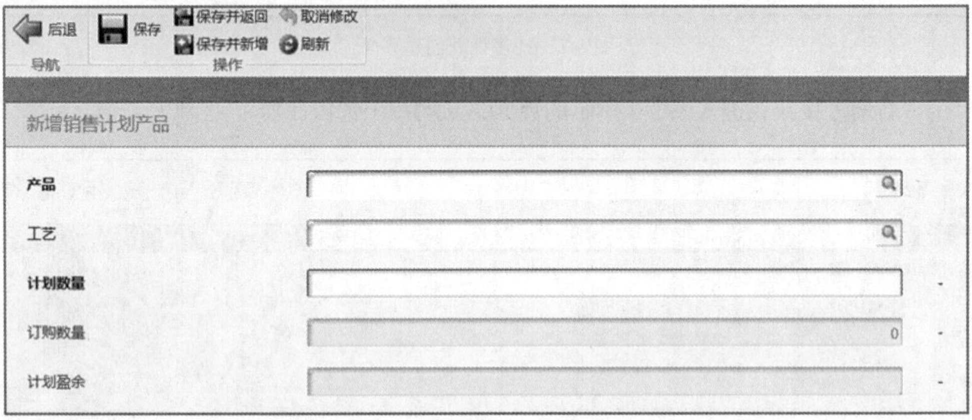

图 3-4　新增销售计划产品界面

新增销售计划产品界面参数说明如下。

- “产品”既可以是特定产品，也可以是系列产品。
- “工艺”用于指定工艺，该工艺可能与特定产品或产品系列相关。
- “计划数量”用于指示计划生产的产品数量。
- “订购数量”为系统从相关销售订单中自动获取的数据。
- “计划盈余”为系统自动按计划数量和订单数量的差额计算出的数据。

② 按家庭尺寸批量添加产品。

如果要添加多个尺寸的特定产品，则单击新增销售计划产品界面中的“按尺寸添加产品”按钮，进入图 3-5 所示的界面，即可按家庭尺寸批量添加产品。按家庭尺寸批量添加产品会更便捷。

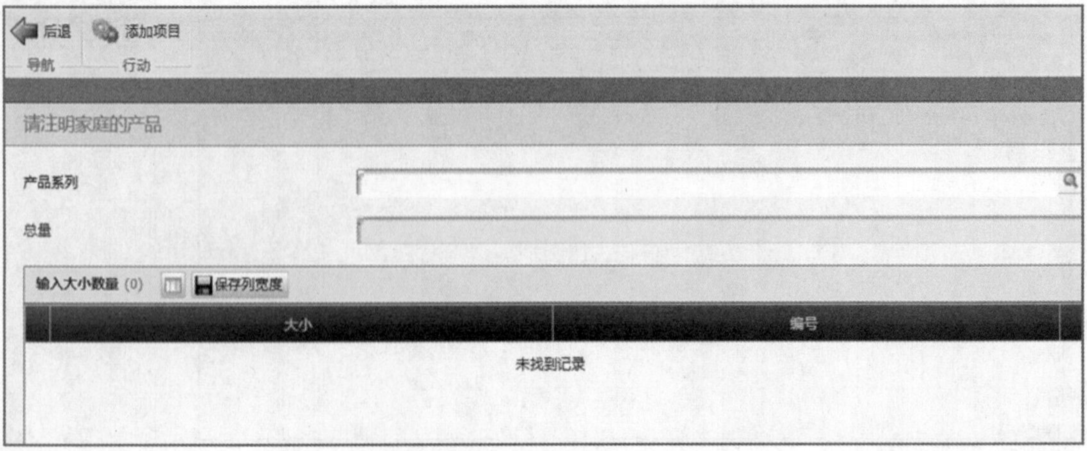

图 3-5　按家庭尺寸批量添加产品界面

确定产品系列时，如果该系列的产品被分配为具有特定尺寸的产品，则将激活图 3-6 所示的表格，表格中将显示该产品的不同尺寸。

输入大小数量 (3)　保存列宽度

	大小	编号
☐	L	
☐	M	
☐	S	

图 3-6　显示产品尺寸

在不同的尺寸栏中输入数量之后，单击“添加项目”按钮，将数量大于 0 的产品添加到计划产品中。

（2）从销售计划中获取生产订单

从销售计划中获取生产订单有以下两种方式。

➢ 单独创建生产订单。

➢ 创建生产订单并将其合并到订单组中。

① 单独创建生产订单。

若要单独创建生产订单，则可以在新增销售计划产品界面中选择要订购的产品计划并单击“展示计划中为家庭订购的产品”按钮，进入图 3-7 所示的界面，创建多个生产订单。

Powrót　Utwórz zlecenia

Nawigacja　Akcje

Wskaż ilości zlecone dla produktów

Produkty (12)　Zap. szer. kol.

Rodzina	Produkt	Rozmiar	Ilość planowana	Ilość zamówiona	Ilość zlecona
S-SOWA-BIAŁA	S-SOWA-BIAŁA-XS	XS	100	0	0
S-SOWA-BIAŁA	S-SOWA-BIAŁA-S	S	100	0	0
S-SOWA-BIAŁA	S-SOWA-BIAŁA-M	M	100	0	0
S-SOWA-BIAŁA	S-SOWA-BIAŁA-L	L	100	0	0
S-SOWA-BIAŁA	S-SOWA-BIAŁA-XL	XL	100	0	0
S-SOWA-BIAŁA	S-SOWA-BIAŁA-XXL	XXL	100	0	0
K-SOWA-BIAŁA	K-SOWA-BIAŁA-XS	XS	100	0	0
K-SOWA-BIAŁA	K-SOWA-BIAŁA-S	S	100	0	0
K-SOWA-BIAŁA	K-SOWA-BIAŁA-M	M	100	0	0

图 3-7　生产订单创建界面

指定要生产的数量时，如果用户在计划中选择了产品系列的某个产品，则与该产品相关的所有特定产品都将出现在此界面中。系统会根据计划的数量（当计划中有特定产品时）或根据订购的数量（当计划中有一个产品系列时）来告知用户生产的数量。如果用户没有在产品行中提供数量或数量为 0，则系统将在创建生产订单时省略此项目。

创建生产订单时，单击“Utworz zlecenia”（创建订单）按钮，在销售计划项目中，系统将补

充订购数量，便于用户了解计划中的哪些部分已转移到生产中。

② 创建生产订单并将其合并到订单组中。

若要创建订单组，则需要先选择包含在该组中的所有产品，然后单击新增销售计划产品界面中的“创建订单组”按钮，创建一个订单组，进入图 3-8 所示的界面。

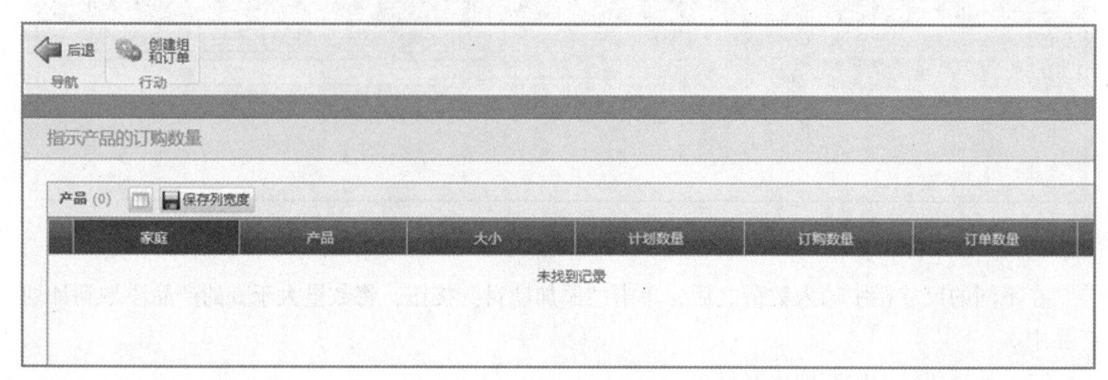

图 3-8　订单组创建界面

如果选定的产品中有一个产品系列，则所有与之相关的特定产品都将在此界面中展示。根据订购的给定数量输入订单数量。如果不想生产某个特定产品，则可以将它的数量设置为 0 或留空。完成之后单击“创建组和订单”按钮。

微课

创建销售订单

2. 销售订单

销售订单既可用于检查来自客户的订单，也可用于将生产订单分组到项目或计划中，是生产计划的开始。

（1）添加新的销售订单

在导航界面中选择“计划-销售订单”选项，进入销售订单创建界面，如图 3-9 所示。

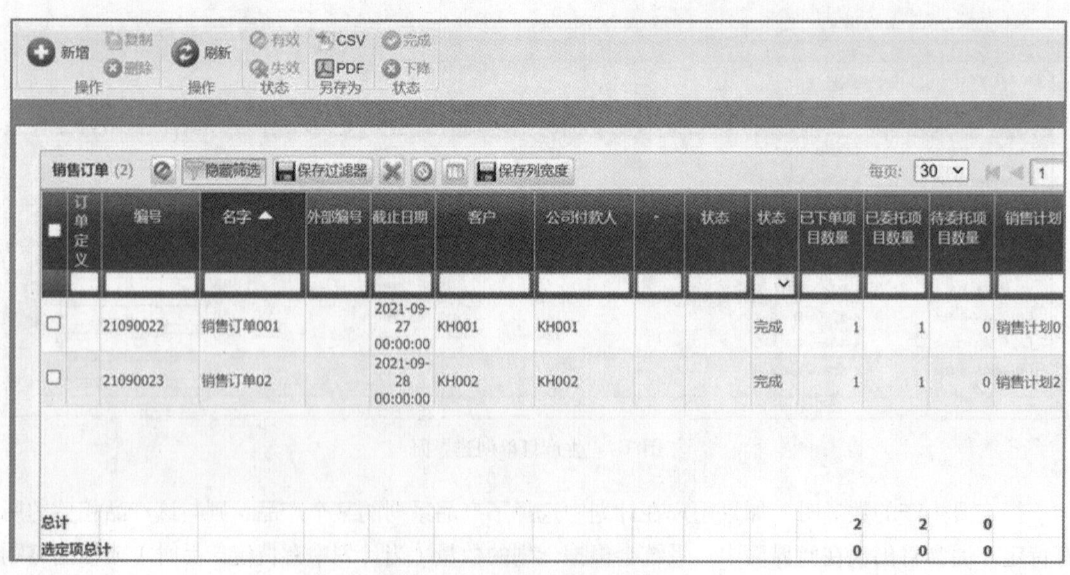

图 3-9　销售订单创建界面

单击“新增”按钮，进入新增销售订单中的“主页”选项卡界面，如图 3-10 所示。

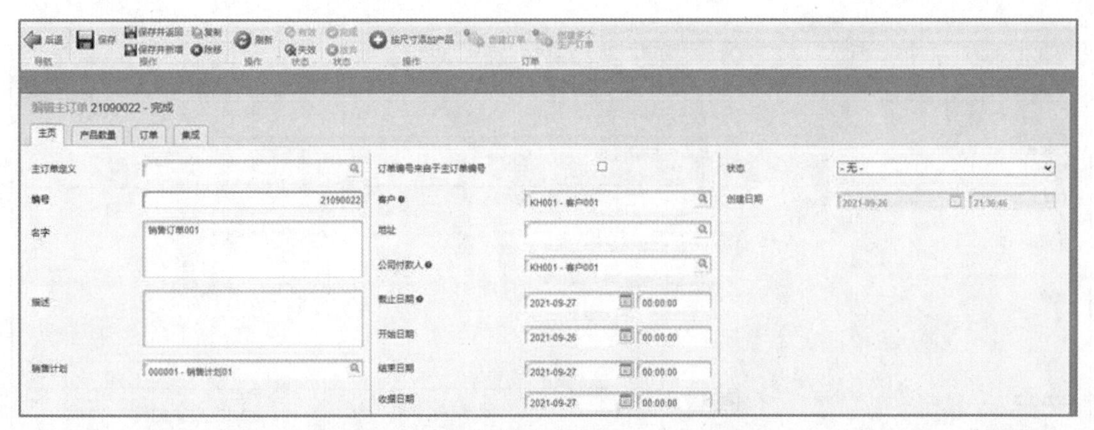

图 3-10　新增销售订单界面中的“主页”选项卡

在该界面的“主页”选项卡中，用户可以更改系统自动分配的订单编号，但此编号必须唯一。用户还可以设定该销售订单的名字、描述、客户、地址、公司付款人等参数，并指定开始日期、结束日期和截止日期。要注意的是，如果用户指定了截止日期，则此销售订单中包含的每个生产订单的截止日期必须相同。

完成以上参数的设定之后，单击“保存”按钮进行保存，然后单击下一个选项卡。

（2）设定产品数量

在图 3-11 所示界面的“产品数量”选项卡中，用户可以为此销售订单设定生产的特定产品以及生产的数量。

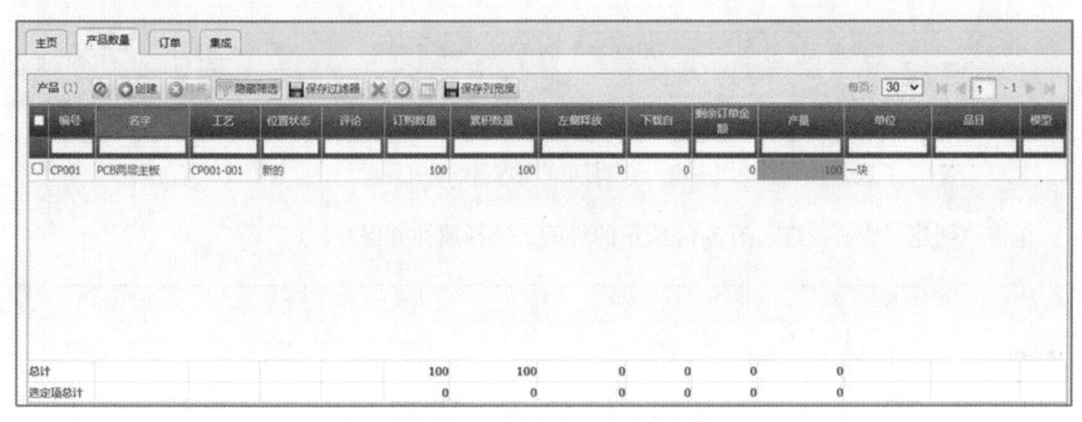

图 3-11　新增销售订单界面中的“产品数量”选项卡

单击“创建”按钮，可以进入图 3-12 所示的界面，以设定销售订单中生产的产品。

在销售订单中添加产品时，必须从产品列表中选择特定产品、要用到的工艺以及订单产品数量（作为销售订单的一部分生产的数量）。

“主订单数量”是订购数量，即已经为特定产品创建了生产订单的数量；“待放行”是有待生产的数量；“生产数量”是已根据该销售订单生产的产品数量。

除此之外，还可设定该产品的描述以及位置状态。

还可以为销售订单添加附加属性对其进行描述，用户可以保存从客户那里获得的其他信息，从而保证系统执行过程中的正确性。

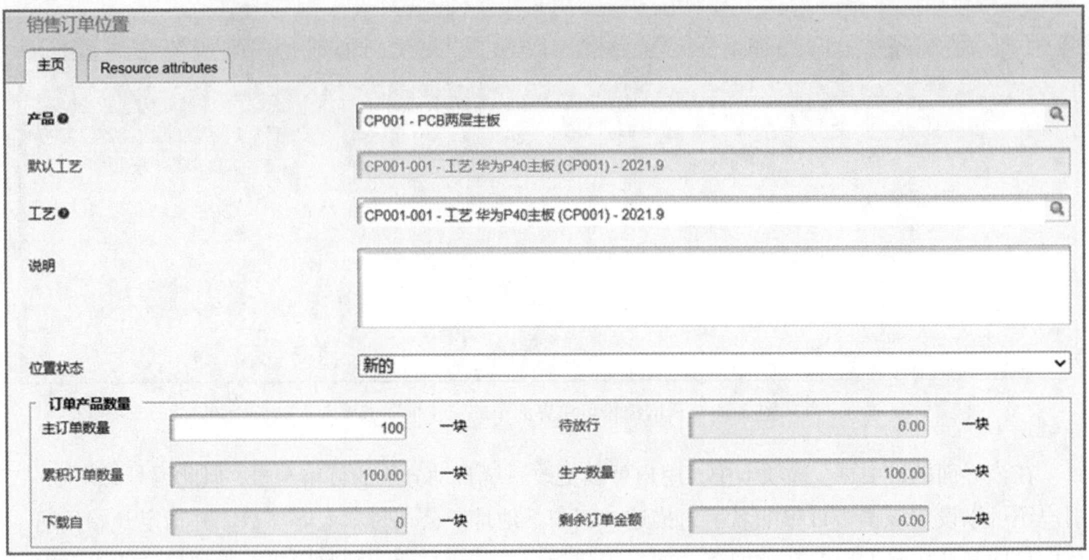

销售订单位置
主页
Resource attributes
产品
CP001 - PCB两层主板
默认工艺
CP001-001 - 工艺 华为P40主板 (CP001) - 2021.9
工艺
CP001-001 - 工艺 华为P40主板 (CP001) - 2021.9
说明
位置状态
新的
订单产品数量
主订单数量
100
一块
待放行
0.00
一块
累积订单数量
100.00
一块
生产数量
100.00
一块
下载自
0
一块
剩余订单金额
0.00
一块

图 3-12　设定销售订单中生产的产品

完成上述设置后，单击“Resource attributes”选项卡进入图 3-13 所示的采购订单的资源属性设置界面。

销售订单位置
主页
Resource attributes
Resource attributes (0)
创建
移除
隐藏筛选
保存过滤器
保存列宽度
每页:
30
1
-1
Attribute number
Attribute name
Value
Description
Unit

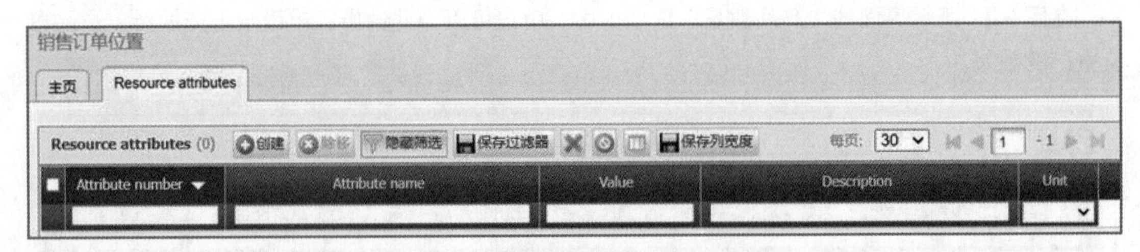

图 3-13　采购订单的资源属性设置界面

单击“创建”按钮，进入图 3-14 所示的界面，选择属性并保存。

New resource attribute
Attribute

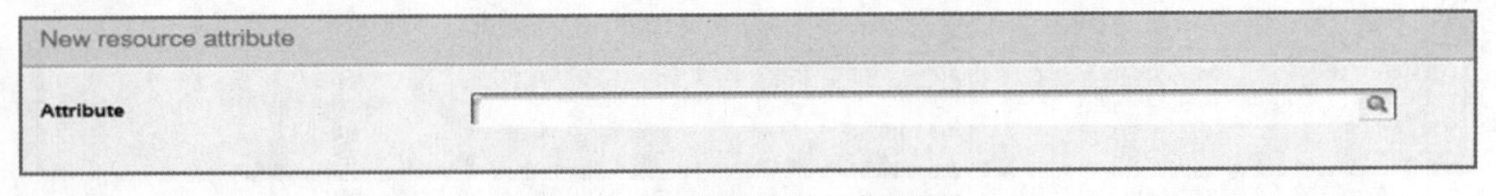

图 3-14　选择采购订单的资源属性

（3）将生产订单添加到销售订单中

将生产订单添加到销售订单中有以下两种方法。

① 在新增销售订单界面中单击“产品数量”选项卡，勾选产品之后，单击“创建订单”按钮，进入图 3-15 所示的界面。

完成图 3-15 所示界面中相关参数的设定之后，单击“保存并新增”按钮。

② 回到图 3-15 中的“销售订单”选项卡，单击“新增已存在”按钮，进入图 3-16 所示的界面，添加已有的生产订单。

可以先选择多个生产订单，然后单击“选择”按钮，批量添加生产订单。

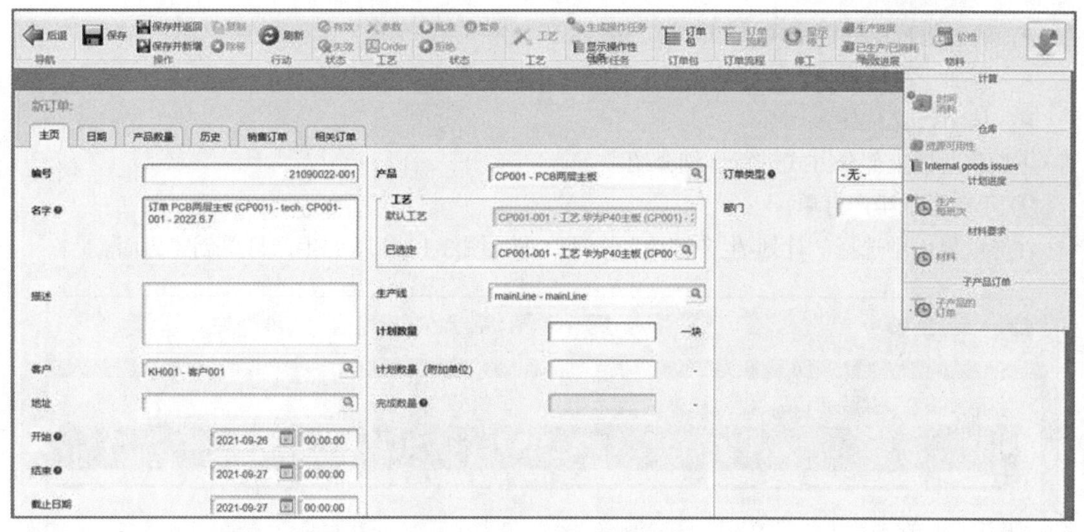

图 3-15　生产订单编辑界面

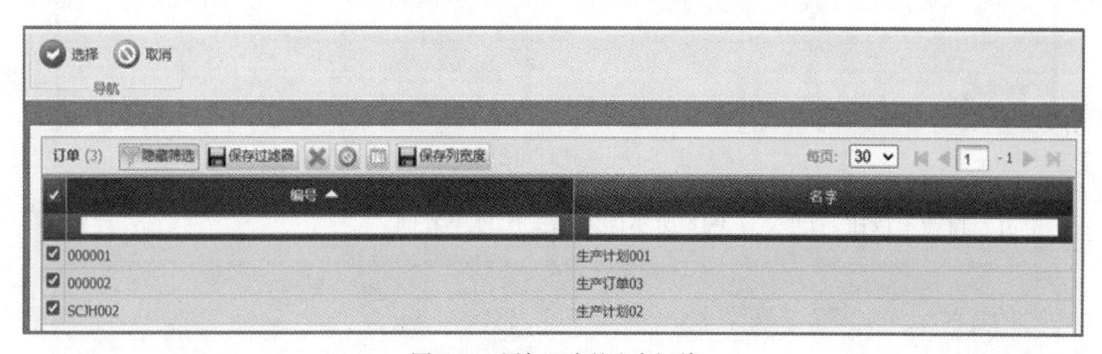

图 3-16　添加已有的生产订单

3. 生产订单

生产订单可以告诉用户将在生产过程中执行什么操作、生产什么产品、在什么时间生产、在哪一条生产线上生产，以及为哪个订单或承包商生产产品。生产订单是生产计划的决定因素，根据用户制订的生产计划，能够知道整个生产订单或其中某个操作的执行情况。

（1）生产订单查看方式

生产订单有以下两种查看方式。

➢　在导航界面中选择“计划-生产订单”选项。

➢　在导航界面中选择“计划-订单计划”选项。

微课

创建生产订单

两种方式看似差别很小，但对用户而言意义重大。前者打开的生产订单列表包含用户输入系统的所有订单，包括已完成和拒绝的订单。而后者打开的订单计划列表仅包含未完成的订单信息。因此，订单计划列表更方便用户查看当前的工作状况。

（2）生产订单添加方式

用户可以通过以下几种方式添加生产订单，它们的效果是相同的。

➢　手动添加。

➢　从销售订单创建界面添加。

➢　从产品创建界面添加。

➢ 通过生成组件订单来添加。

➢ 添加一组订单时添加。

➢ 从.xlsx 文件导入。

下面将对以上部分方式进行详细介绍。

① 手动添加生产订单。

在导航界面中选择“计划-生产订单”选项，进入图 3-17 所示的生产订单创建界面。

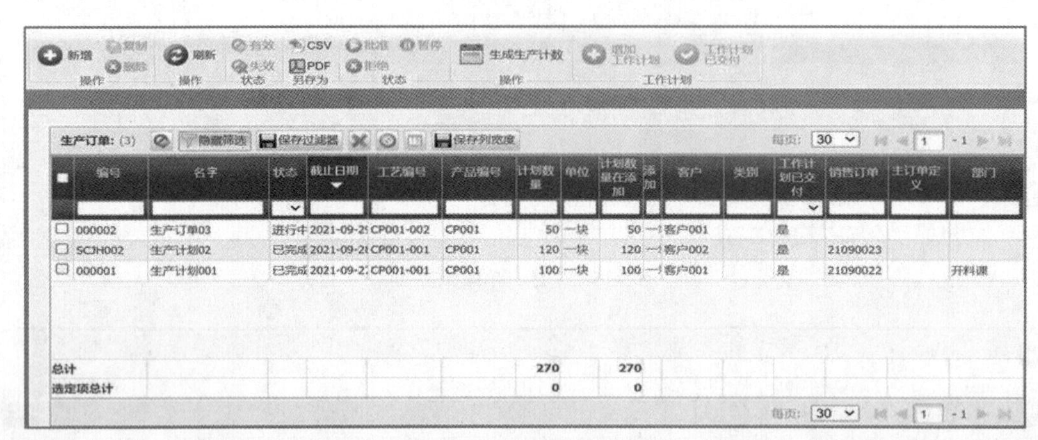

编号	名字	状态	截止日期	工艺编号	产品编号	计划数量	单位	计划数量在添加	添加	客户	类别	工作计划已交付	销售订单	主订单定义	部门
000002	生产订单03	进行中	2021-09-2	CP001-002	CP001	50	一块	50	一	客户001		是			
SCJH002	生产计划02	已完成	2021-09-2	CP001-001	CP001	120	一块	120	一	客户002		是	21090023		
000001	生产计划001	已完成	2021-09-2	CP001-001	CP001	100	一块	100	一	客户001		是	21090022		开料课
总计						270		270							
选定项总计						0		0							

图 3-17　生产订单创建界面

单击“新增”按钮，进入图 3-18 所示的新增生产订单界面。

图 3-18　新增生产订单界面

用户先设定需要生产的产品和计划数量。如果产品除了基本单元，还有附加单位，则应根据转换器相应地计算附加单位下的产品数量。选定产品之后，“工艺”选项组的“默认工艺”文本框将会自动填充工艺，但用户也可以在下一文本框中设定另外一项工艺。新设定的工艺将在默认工艺的基础上进行生产。设定工艺之后，用户继续补充生产订单的名字、生产线（如果没有设定生产线，那么系统会根据已设定的参数自动补充默认生产线）、部门以及描述。

为了保证系统能够正确地执行该生产订单，用户必须设定数量、名字、产品、工艺。

② 从销售订单创建界面添加生产订单。

用户已经创建了销售订单，所以知道客户需要什么产品，此时用户可以在销售订单创建界面添加生产订单。具体有以下几种创建方式。

➢ 分别为每个订购项目创建生产订单。

➢ 通过创建批量订单的附加选项，为多个选定的订购项目创建生产订单。

➢ 通过创建订单组来创建生产订单。

③ 从产品创建界面添加生产订单。

当用户同时订购相同数量的多个产品时，从产品创建界面添加生产订单将非常便捷。用户可以选择将要生产的产品，并通过调用该功能批量添加生产订单。

在导航界面中选择“产品-产品”选项，进入图 3-19 所示的产品创建界面，在产品列表中选择想要订购的产品。

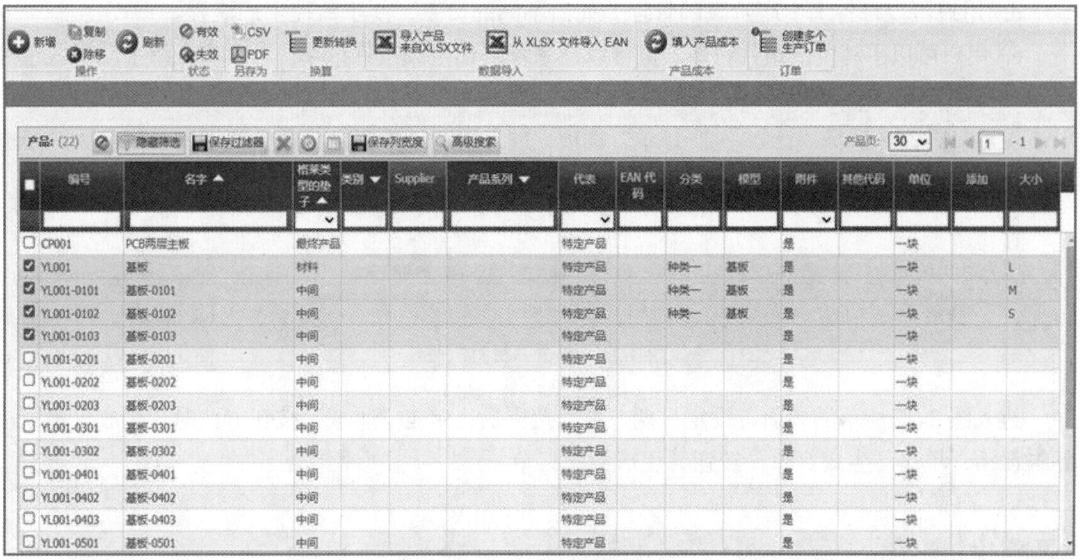

图 3-19 产品创建界面

选择完毕之后单击“创建多个生产订单”按钮，可以创建多个生产订单。在弹出的图 3-20 所示的界面中输入编号（这里的编号即数量，所有的生产订单的计划生产数量是相同的），也可以设定实际开始日期和结束日期，但这不是必须的。

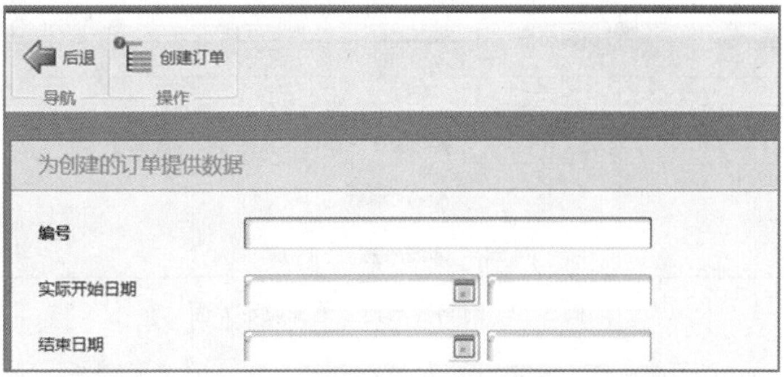

图 3-20 为订单设定实际开始日期和结束日期

设定完成之后单击“创建订单”按钮，完成创建。需要注意的是，使用此功能的前提是每个产品都有默认的工艺。系统是在已知的工艺基础上，按顺序自动填充其他数据。

如果设定了单独的组件技术，并且希望系统通过机器生成组件订单，则必须在生成界面中指定开始日期，它必须比实际时间晚。

④ 通过生成组件订单来添加生产订单。

组件订单是生产主订单所需的半成品时自动生成的相关订单。通过组件订单来添加生产订单的基础是正确创建工艺。使用这种生产方式有以下优势。

a. 只有在没有库存时，用户才能将半成品的生产外包出去。当仓库中有半成品时（如当这些半成品来自不同的订单时），系统能够调动不同仓库的半成品以最大的材料利用率完成生产。

b. 用户可以将生产分成几个阶段，这样有利于更早完成生产。

c. 用户可以详细地写下要执行的操作，以片段的形式（如按部门）来报告生产，将工艺按部门划分成不同的、独立的组件工艺。

d. 用户可以将各个生产阶段的管理委托给不同的员工，便于监控生产流程。

e. 用户可以手动生成组件订单，也可以让系统自动生成组件订单。下面将介绍手动生成组件订单的操作步骤。

在导航界面中选择“计划-生产订单”选项，进入生产订单创建界面，新增一个产品为该半成品的生产订单，将其保存之后，在图 3-21 所示位置单击“材料”按钮。

图 3-21　单击“材料”按钮

进入图 3-22 所示的界面，设定日期、覆盖范围后，单击“生成”按钮，此时“生成订单”按钮被激活，单击“生成订单”按钮，生成组件订单。

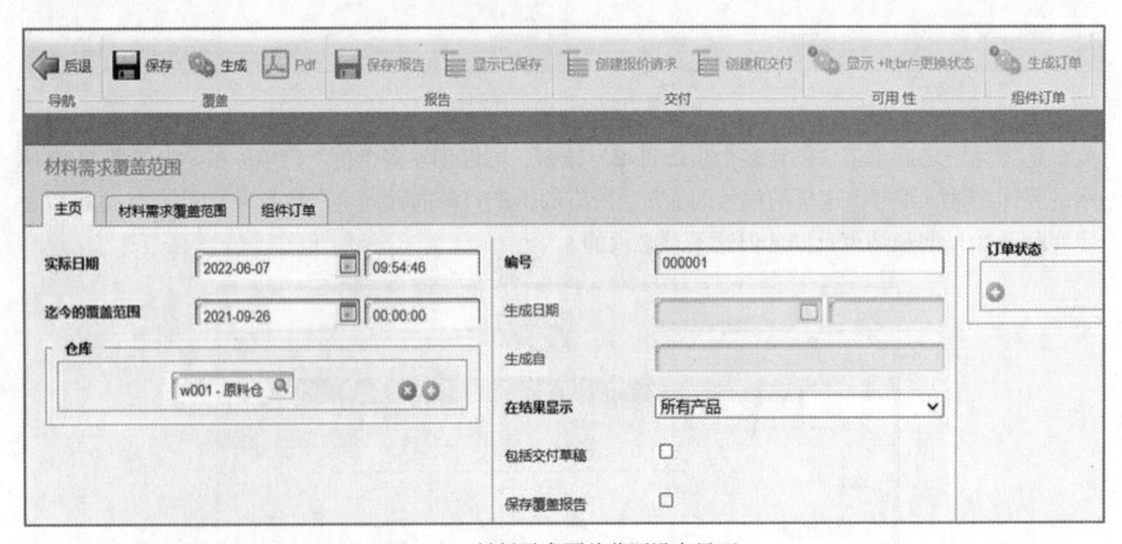

图 3-22　材料需求覆盖范围设定界面

从材料需求的覆盖范围来看，系统只有在库存不足的情况下才能创建组件订单。如果要求每

次都生成组件订单，则单击生产订单创建界面中的“子产品订单”按钮，进入图 3-23 所示的界面，单击“为子产品生成订单”按钮。

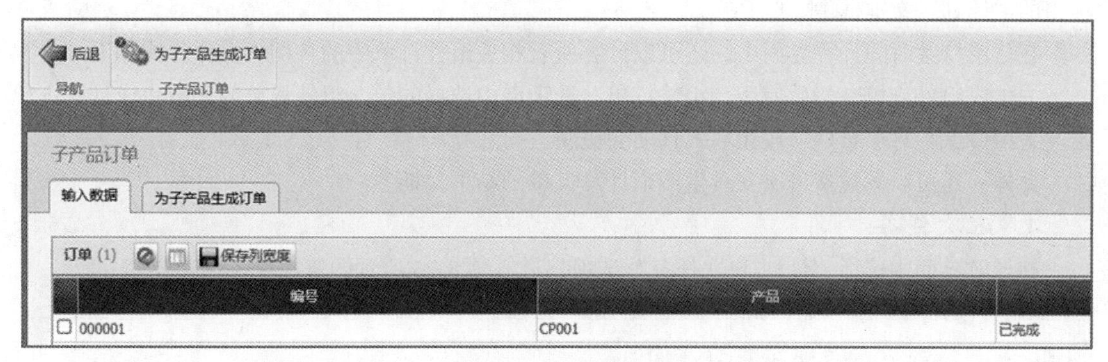

图 3-23　子产品订单

生成的组件订单将相互关联。订单编号的开头与主订单相同，在后缀的帮助下，为用户自动设定技术树级别的信息。

每个生产订单必须有确定的执行日期，因为系统需要知道用户计划何时开始、何时完成工作。用户可以根据需求手动设置日期，还可以使用 MES 来完成这项工作。

用户需要先在生产订单创建界面设置开始日期，然后系统可以通过计算消耗时间来确定结束时间。这项功能基于工艺中定义的时间规范，系统将通过用户设定的开始日期计算出订单持续时间，从而确定结束日期。单击生产订单创建界面上方的“时间消耗”按钮，即可进入订单持续时间计算界面，如图 3-24 所示。

图 3-24　订单持续时间计算界面

单击“生成”按钮，系统将计算每次操作的时间，并自动得出结束时间。单击“将计算出的结束日期复制到计划结束日期”按钮，系统将把计算出来的结束日期自动填充到“结束日期”选项组的“计划”文本框中。

在订单持续时间计算界面中，还可以计算所有相关组件订单中的日期，操作方式如下。

先生成组件订单，然后使用“组件订单”选项卡中选择的包含组件订单的参数生成计算。单击“为组件保存订单日期”按钮后，日期会更新。

此外，还可以通过按班次安排生产来计算订单的结束日期。

4. 班次任务

在导航界面中选择“计划-班次任务”选项，进入图 3-25 所示的班次任务创建界面。

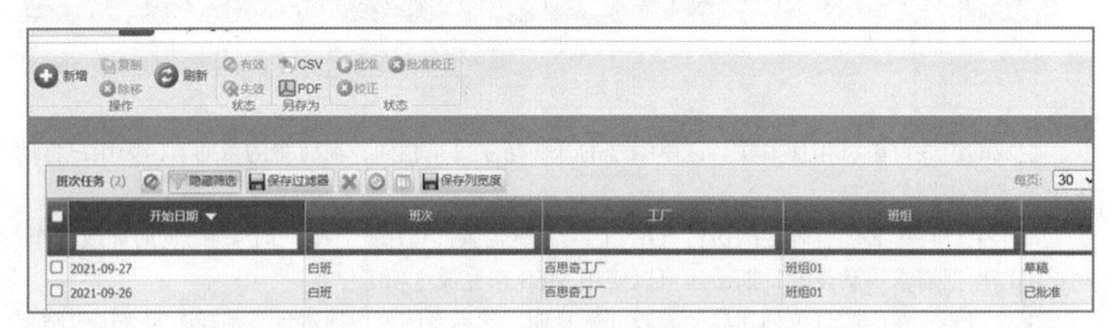

图 3-25　班次任务创建界面

单击“新增”按钮，进入图 3-26 所示的新增班次任务界面，用户可以指派员工按计划在生产线上轮班，并随后对实际占用情况进行登记。

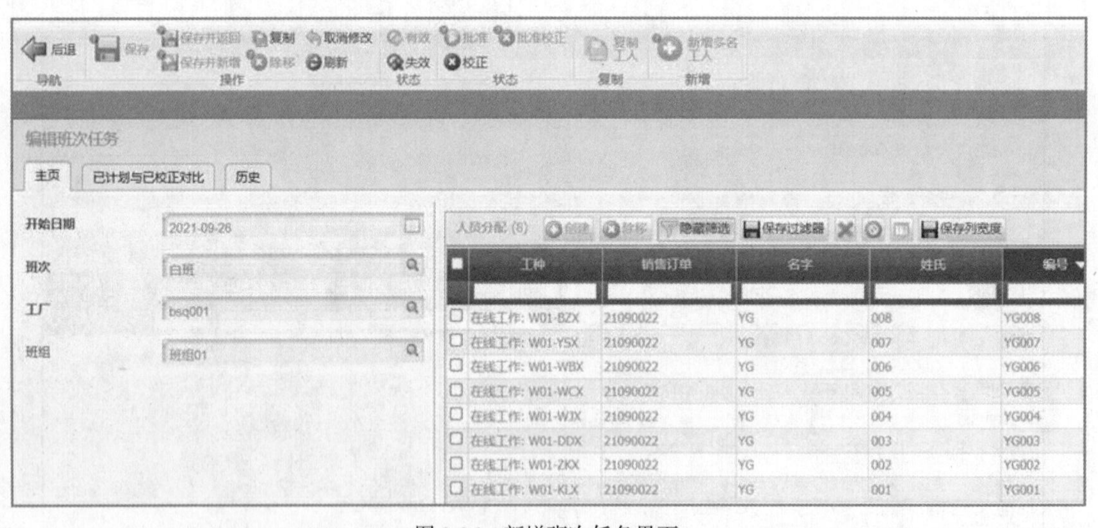

图 3-26　新增班次任务界面

3.1.5　任务检查与评价

任务实施完成后，进行任务检查与评价，检查评价单如表 3-1 所示。

表 3-1　检查评价单

<table>
<tr><td colspan="2">项目名称</td><td colspan="3">扮演生产计划管理员角色</td></tr>
<tr><td colspan="2">任务名称</td><td colspan="3">生产计划的制订</td></tr>
<tr><td colspan="2">评价方式</td><td colspan="3">可采用自评、互评、老师评价等方式</td></tr>
<tr><td colspan="2">说　明</td><td colspan="3">主要评价学生在任务 3.1 中的学习态度、课堂表现、学习能力等</td></tr>
<tr><td colspan="5">评价内容与评价标准</td></tr>
<tr><td>序号</td><td>评价内容</td><td>评价标准</td><td>分值</td><td>得分</td></tr>
<tr><td rowspan="4">1</td><td rowspan="4">知识运用
（20%）</td><td>掌握相关理论知识，理解本次任务要求，制订了详细计划，且计划条理清晰、逻辑正确（20 分）</td><td rowspan="4">20 分</td><td rowspan="4"></td></tr>
<tr><td>理解相关理论知识，能根据本次任务要求制订合理计划（15 分）</td></tr>
<tr><td>了解相关理论知识，制订了计划（10 分）</td></tr>
<tr><td>没有制订计划（0 分）</td></tr>
<tr><td rowspan="4">2</td><td rowspan="4">专业技能
（40%）</td><td>能够快速完成 MES 生产计划和销售计划的制订、生产任务的分派、生产数据的采集，实验结果准确（40 分）</td><td rowspan="4">40 分</td><td rowspan="4"></td></tr>
<tr><td>能够完成 MES 生产计划和销售计划的制订、生产任务的分派、生产数据的采集，实验结果准确（30 分）</td></tr>
<tr><td>能够完成 MES 生产计划和销售计划的制订、生产任务的分派、生产数据的采集，但需要帮助，实验结果准确（20 分）</td></tr>
<tr><td>没有完成任务（0 分）</td></tr>
<tr><td rowspan="4">3</td><td rowspan="4">核心素养
（20%）</td><td>具有良好的自主学习能力、分析并解决问题的能力，整个任务过程中有指导他人（20 分）</td><td rowspan="4">20 分</td><td rowspan="4"></td></tr>
<tr><td>具有较好的学习能力、分析并解决问题的能力，整个任务过程中没有指导他人（15 分）</td></tr>
<tr><td>能够主动学习并收集信息，具有请教他人以解决问题的能力（10 分）</td></tr>
<tr><td>不主动学习（0 分）</td></tr>
<tr><td rowspan="4">4</td><td rowspan="4">课堂纪律
（20%）</td><td>设备无损坏、设备摆放整齐、工位保持整洁、没有干扰课堂秩序（20 分）</td><td rowspan="4">20 分</td><td rowspan="4"></td></tr>
<tr><td>设备无损坏、没有干扰课堂秩序（15 分）</td></tr>
<tr><td>没有干扰课堂秩序（10 分）</td></tr>
<tr><td>干扰课堂秩序（0 分）</td></tr>
<tr><td colspan="3">总得分</td><td colspan="2"></td></tr>
</table>

3.1.6　任务小结

本任务通过使用 MES 进行生产计划和销售计划的制订，帮助读者利用 MES 分派生产任务，并采集生产过程中的生产数据，掌握使用 MES 制订生产计划的方法。任务 3.1 思维框架如图 3-27 所示。

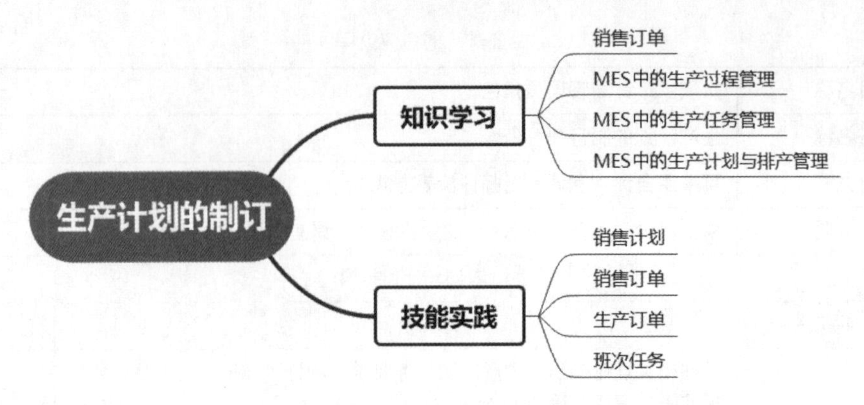

图 3-27　任务 3.1 思维框架

任务 3.2　生产执行跟踪

3.2.1　职业能力目标

- 能根据功能需求，使用 MES 设定销售订单与生产订单，对生产过程模拟进行控制并跟踪，生产完成后使用 MES 生成生产报告。

3.2.2　任务要求

- 根据生产计划，完成生产订单的跟踪和任务调度。
- 根据生产情况，记录停产原因，设定替换品。
- 根据生产数据，生成并打印生产报告。

3.2.3　知识链接

生产跟踪是 MES 中的重要模块，能够为其他功能模块提供生产现场的各项数据。生产跟踪能够提供全流程的实时信息，包括从产品原材料到生产工艺再到库存等生产环节。自生产计划生成后，对每个产品进行完整的生产过程跟踪，直到产品加工完成并且入库。生产过程跟踪的是产品的生产车间、生产工艺、生产工序、加工人员信息、起始加工时间、原材料信息、入库时间、质量检测结果等。生产过程跟踪将有关产品工艺、生产设备、操作人员等方面的信息进行了全面的串联和记录。此功能用于收集生产车间执行生产流程的反馈，为系统提供订单执行的进展情况。

3.2.4　任务实施

1. 记录生产并输入反馈

在开始进行生产跟踪之前，甚至在创建技术和生产订单之前，用户需要先查看生产注册的参

数，设置从生产中收集数据的配置参数，最重要的是记录产量的相关参数。如果用户希望以相同的方式报告每个生产订单，则需要在参数中设置适当的值，系统将处理其余的参数。但是，如果用户想要向运营部门报告部分生产情况，则需要在技术构建阶段设置相应参数的值，该参数将从技术传输到订单（用户也可以通过输入订单参数进行更改），系统将收集该参数进行生产跟踪。

在配置中，是否要收集已使用、已制造产品的数据和工作时间等相关参数也非常重要，禁用这些参数将导致书签隐藏在消息中。但是请记住，尚未报告的内容不能作为分析数据的来源内容。

要创建生产跟踪，需要在导航界面中选择“跟踪-生产跟踪”选项，进入生产跟踪创建界面，如图 3-28 所示。

新增　复制　除移　刷新　有效　失效　CSV　PDF　批准　拒绝
操作　状态　另存为　状态

生产跟踪 (16)　隐藏筛选　保存过滤器　保存列宽度　高级搜索　每页: 30　1　-1

记录编号	订单编号	工序编号	产品	输出产品	产出数量	单位	班次	操作工人	部门	生产线	工作站	状态	创建日期	最终	生产开始日期	生产结束日期	校正	公司	创建人	分包商
000016	SCJH002	1. 包装	CP001 - I	CP001 - I	120	一	白班	001 YG	W01-B	mainLi	W01-M	已批准	2021-09-	是	2021-09-	2021-09-		KH002	admin	
000015	SCJH002	2. 文字印	CP001 - I	YL001-07	120	一	白班	002 YG	W01-Y	mainLi	W01-M	已批准	2021-09-	是	2021-09-	2021-09-		KH002	admin	
000014	SCJH002	3. 涂油	CP001 - I	YL001-06	120	一	白班	003 YG	W01-JC	mainLi	W01-M	已批准	2021-09-	是	2021-09-	2021-09-		KH002	admin	
000013	SCJH002	4. 蚀刻	CP001 - I	YL001-05	120	一	白班	004 YG	W01-W	mainLi	W01-M	已批准	2021-09-	是	2021-09-	2021-09-		KH002	admin	
000012	SCJH002	5. 磨板	CP001 - I	YL001-04	120	一	白班	005 YG	W01-KI	mainLi	W01-M	已批准	2021-09-	是	2021-09-	2021-09-		KH002	admin	
000011	SCJH002	6. 电镀	CP001 - I	YL001-03	120	一	白班	006 YG	W01-D	mainLi	W01-M	已批准	2021-09-	是	2021-09-	2021-09-		KH002	admin	
000010	SCJH002	7. 钻孔	CP001 - I	YL001-02	120	一	白班	007 YG	W01-ZI	mainLi	W01-M	已批准	2021-09-	是	2021-09-	2021-09-		KH002	admin	
000009	SCJH002	8. 裁切	CP001 - I	YL001-01	120	一	白班	008 YG	W01-KI	mainLi	W01-M	已批准	2021-09-	是	2021-09-	2021-09-		KH002	admin	
000008	000001	1. 包装	CP001 - I	CP001 - I	100	一	白班	001 YG	W01-B	W01-KI	W01-M	已批准	2021-09-	是	2021-09-	2021-09-		KH001	superadn	

图 3-28　生产跟踪创建界面

在生产跟踪创建界面中单击“新增”按钮，进入图 3-29 所示的界面。

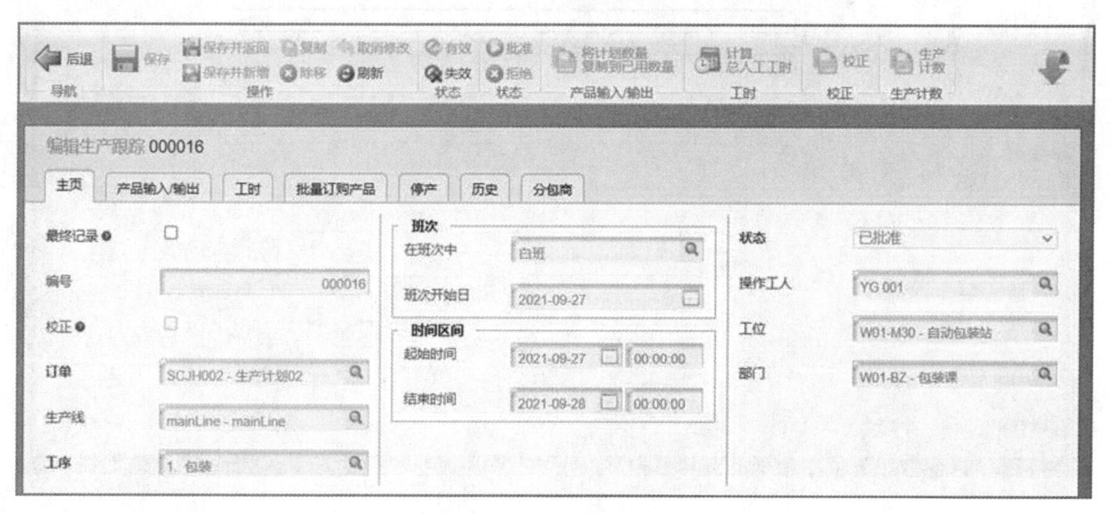

图 3-29　新增生产跟踪界面

选择要跟踪的生产订单后，系统将自动填充“生产线”文本框。

如果订单需要跟踪每一道工序，则将“工序”设置为要跟踪的具体工序。批量跟踪时，不可设置该参数。

单击“保存”按钮保存数据，同时激活下一个选项卡“产品输入/输出”中的数据，如图 3-30 所示。

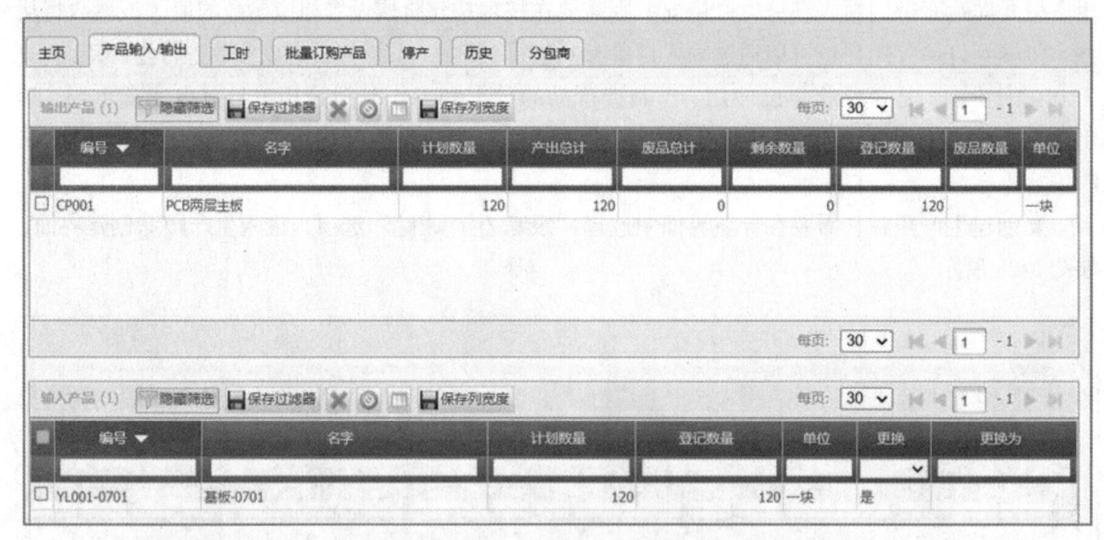

图 3-30 新增生产跟踪界面中的“产品输入/输出”选项卡

单击输出产品“PCB 两层主板”，进入图 3-31 所示的界面，设定输出产品列表中的产出数量。如果产出数量大于计划数量，就会导致报告的生产量超过订单中订购的数量，此时会出现记录错误。

登记产品价值 PCB两层主板
主页 - 产品属性 存储位置
编号 CP001
名字 PCB两层主板
计划数量 120.00000 一块
产出总计 120.00000 一块
废品总计 0 一块
剩余数量 0.00000 一块
默认单位产出数量 120 一块
产出数量 120 一块
废品数量 一块
浪费的原因 - 无 -

图 3-31 输出产品数量的设定

原材料消耗量根据生产数量和缺陷的总和确定。如果要手动输入，则应转到输入产品列表，并在使用的每种原材料中指定适当的数量，用户也可以在勾选输入产品之后单击“将计划数量复制到已用数量”按钮来复制计划数量。此时单击输入产品“基板-0701”，进入图 3-32 所示的界面，检查计划数量是否已发生更改，确认无误后，单击“保存”按钮。

后退　保存　保存并返回

导航　操作

登记产品价值 基板-0701

主页　产品属性　-

编号	YL001-0701	
名字	基板-0701	
计划数量	120.00000	一块
消耗数量（默认单位）	120	一块
消耗数量	120	一块
报废品消耗		
仅报废品消耗		
报废品消耗数量		- 无 -
附加信息		

图 3-32　输入产品数量的设定

单击下一个选项卡“工时”，进入图 3-33 所示的界面，在这里用户可以记录设备和员工的工作时间。用户可以列出与目标产品生产相关的员工的工时列表并合计他们的工时，或者直接输入总工时。单击界面上方功能栏中的“计算总人工工时”按钮，系统将自动计算员工为订单工作的总工时。

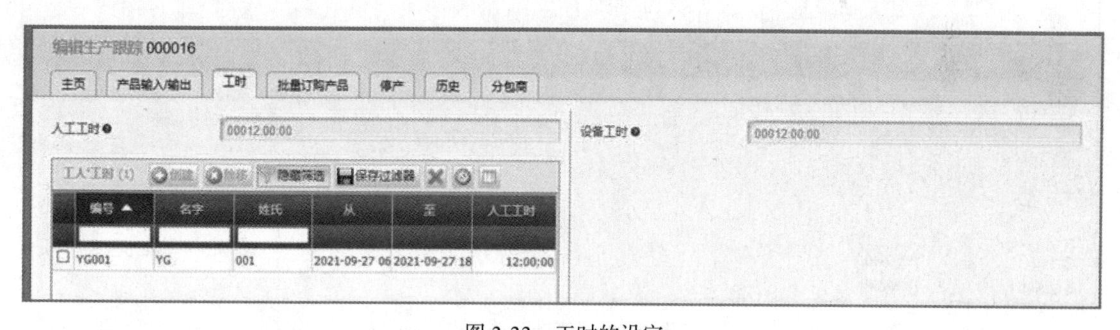

图 3-33　工时的设定

输入并存储所有信息后，用户可以单击“批准”按钮接受设定的所有数据，之后不能做任何更改。

2. 设定替换品

生产订单执行过程中使用的原材料信息来自工艺创建界面相关参数的设定。然而，当出现仓库缺少该零件，或待加工零件被损坏、或产品质量不足等情况时，便需要使用替换品。产品中如果定义了可以选择的替换品列表，则在输入产品列表中注册生产时，用户可以从图 3-34 所示的替换品更换界面中选择相应的替换品，然后单击“使用更换”按钮。

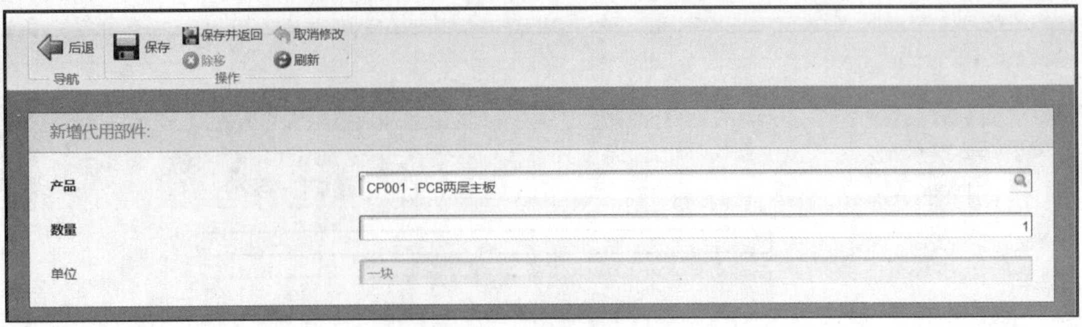

图 3-34　替换品更换界面

在该界面中，从可用的替换品列表中选择正确的替换品，并指定使用的数量。添加的替代项将显示在给定报告的输入产品列表中，它将记录作为替换品的产品并用于后续的生产跟踪。从该界面添加替换品应构成特定订单要求中的适当记录。在这里，替换品也将关联添加到的对应产品信息。

3. 停产原因

如果用户的订单工作因机器故障、原材料短缺或者午休时间而中断，则用户应该记录停产时间，从而记录工作任务的时间，以便超出规定时间也能加以分析。此外，如果经常出现超时、延时问题，则用户可以通过停产记录进行分析，以解决这些问题。

单击“停产”选项卡，进入图 3-35 所示的界面。单击“新增”按钮进入图 3-36 所示的停产原因设定界面。

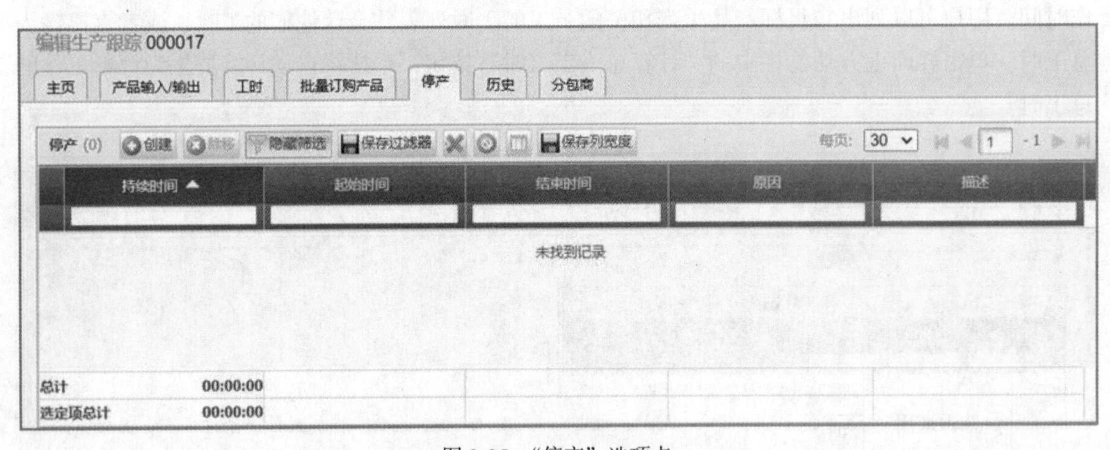

图 3-35　“停产”选项卡

在停产原因设定界面中选择停产的原因时，如果找不到对应原因，则选择“其他”选项，并在“描述”文本框中添加详细信息，同时设定停产的起始时间与结束时间。

4. 批量订购产品

如果用户需要对生产的产品进行批量订购，那么每个生产跟踪应包含已执行工作的批次信息，这样用户就能清楚地将使用的原材料与生产的批次联系起来。因此，用户如果在订单中创建多个批次，则请记住要分别向每个批次报告生产情况。

单击“批量订购产品”选项卡，进入图 3-37 所示的界面。产品批次应记录在待订购产品的批次中。如果批次创建是在生产跟踪中定义的，则“批次”文本框将自动填充，否则需要从预先定

义的列表中指明批次。

订单　000002 - 生产订单03
生产跟踪　000017
原因
描述
起始时间
结束时间
持续时间

图 3-36　停产原因设定界面

主页　产品输入/输出　工时　批量订购产品　停产　历史　分包商
指定所生产订单产品的特点：CP001
批次
添加新批次
新批号
有效期

图 3-37　“批量订购产品”选项卡

如果尚未找到已创建的批次，则可以勾选“添加新批次”复选框并手动输入新批号。在该界面中，用户可以指定产品制造批次的有效期。同一批次的产品的有效期必须相同。

3.2.5　任务检查与评价

任务实施完成后，进行任务检查与评价，检查评价单如表 3-2 所示。

表 3-2　检查评价单

项目名称		扮演生产计划管理员角色		
任务名称		生产执行跟踪		
评价方式		可采用自评、互评、老师评价等方式		
说　　明		主要评价学生在任务 3.2 中的学习态度、课堂表现、学习能力等		
评价内容与评价标准				
序号	评价内容	评价标准	分值	得分
1	知识运用（20%）	掌握相关理论知识，理解本次任务要求，制订了详细计划，且计划条理清晰、逻辑正确（20 分）	20 分	
		理解相关理论知识，能根据本次任务要求制订合理计划（15 分）		
		了解相关理论知识，制订了计划（10 分）		
		没有制订计划（0 分）		
2	专业技能（40%）	能够快速使用 MES 对生产过程进行模拟控制并跟踪，生成生产报告，实验结果准确（40 分）	40 分	
		能够使用 MES 对生产过程进行模拟控制并跟踪，生成生产报告，实验结果准确（30 分）		
		能够使用 MES 对生产过程进行模拟控制并跟踪，生成生产报告，但需要帮助，实验结果准确（20 分）		
		没有完成任务（0 分）		

续表

评价内容与评价标准				
序号	评价内容	评价标准	分值	得分
3	核心素养（20%）	具有良好的自主学习能力、分析并解决问题的能力，整个任务过程中有指导他人（20 分）	20 分	
		具有较好的学习能力、分析并解决问题的能力，整个任务过程中没有指导他人（15 分）		
		能够主动学习并收集信息，具有请教他人以解决问题的能力（10 分）		
		不主动学习（0 分）		
4	课堂纪律（20%）	设备无损坏、设备摆放整齐、工位保持整洁、没有干扰课堂秩序（20 分）	20 分	
		设备无损坏、没有干扰课堂秩序（15 分）		
		没有干扰课堂秩序（10 分）		
		干扰课堂秩序（0 分）		
总得分				

3.2.6 任务小结

本任务通过使用 MES 进行生产过程的模拟控制，帮助读者了解 MES 中生产报告的生成流程以及数据的构成关系，掌握使用 MES 进行生产跟踪的方法。任务 3.2 思维框架如图 3-38 所示。

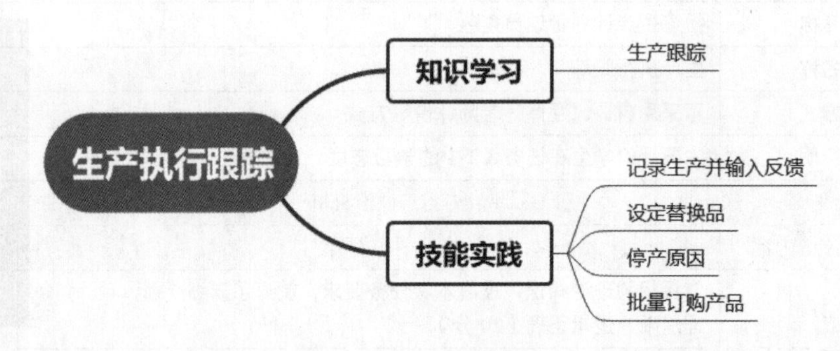

图 3-38 任务 3.2 思维框架

任务 3.3 生产分析

3.3.1 职业能力目标

- 能根据功能需求，利用模拟工厂的相关数据完成 MES 的生产分析，能平衡生产线、提高生产效率、完成绩效分析等。

3.3.2　任务要求

- 根据生产数据，完成生产分析，设定生产平衡。
- 根据 MES 结算的员工工作时间，设定班次平衡。
- 根据生产数据进行绩效分析。

3.3.3　知识链接

分析模块将提供已完成生产的信息，从而确定生产了哪些产品、每个产品由谁生产、花费了多长的时间生产以及生产了哪些批次等。这些信息有助于用户对当前局势进行评估，以制订合适的战略并做出相应的业务调整。

1. 生产平衡

生产平衡的设定，是用户根据收集到的数据，修改并更准确地做出关于订单执行时间和所需原材料数量的生产假设，确定执行生产订单的实际成本，从而减少未来生产中的不必要开支。

生产平衡设定功能还可以让用户从生产跟踪中针对集体或单个操作创建并收集报告。

2. 绩效分析

绩效分析的目的是判断员工的绩效是否符合企业制订的标准。换句话说，就是该员工花在这项任务上的时间是否生产了足够的产品。此分析基于技术中定义的绩效标准。任务花费的时间根据注册表主选项卡中设定的时间间隔确定。

3.3.4　任务实施

1. 设定生产平衡

要生成生产结算报告，需要在导航界面中选择“分析-生产平衡”选项，进入生产平衡创建界面，如图 3-39 所示。单击“新增”按钮，进入图 3-40 所示的界面。

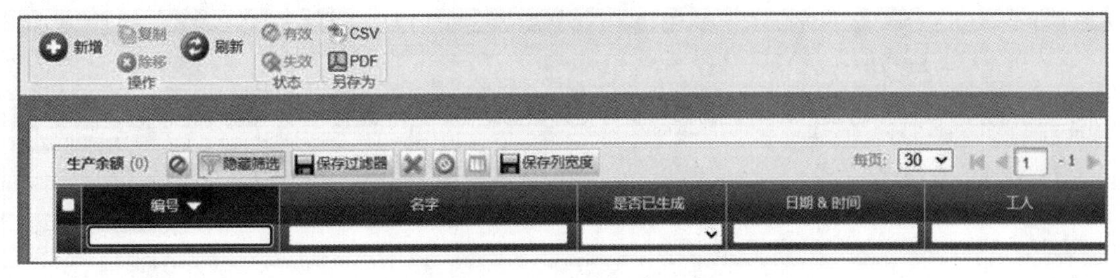

图 3-39　生产平衡创建界面

为这份报告命名，此名字应标识报告，以便在列表中更容易识别它。用户还可以在“描述”文本框中输入订单的详细说明或进行备注。

单击“订单”选项卡，进入图 3-41 所示的界面。

新增生产余额:

主页　订单　成本产生日期

是否已生成

编号　000001

日期 & 时间

工人

名称

描述

图 3-40　新增生产平衡界面

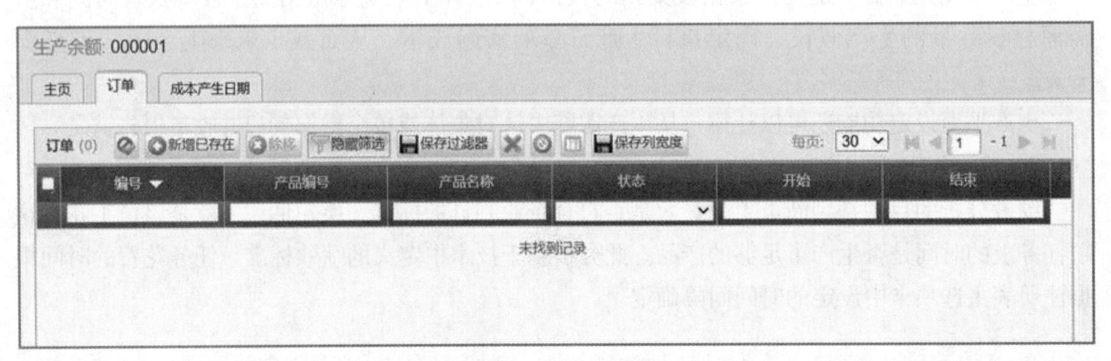

图 3-41　“订单”选项卡

单击“新增已存在”按钮，进入图 3-42 所示的界面，选择要生成报告的生产订单。用户可以决定报告中将显示哪些数据，以及哪些数据将包含在计算中。

选择　取消

导航

订单 (3)　隐藏筛选　保存过滤器　保存列宽度　高级搜索　每页: 30　1　- 1

编号	产品编号	状态	产品名称	实际开始日期	实际完成日期	生产线	订单拆分
000001	CP001	已完成	PCB两层主板	2021-09-26 00:00:0(	2021-09-27 00:00:0(	W01-KLX	W01-KL
000002	CP001	进行中	PCB两层主板	2021-09-27 00:00:0(	2021-10-27 00:00:0(	mainLine	
SCJH002	CP001	已完成	PCB两层主板	2021-09-27 00:00:0(	2021-09-28 00:00:0(	mainLine	

图 3-42　生产平衡订单添加界面

单击“成本产生日期”选项卡，进入图 3-43 所示的界面，在此用户可以设定材料成本、运营成本和日常开支。

完成所有参数的设定之后，单击“保存”按钮和“生产”按钮。

图 3-43　成本及日期设定界面

2. 进行生产分析

生产分析将为用户提供有关生产人员、生产时间和生产数量的信息。生产订单中包括成品和组件在内的每一个输出产品都会被分析。

在图 3-44 所示的生产分析报告中，“数量”是报告中生产数量的总和，“类型”是产品技术所属的技术组。若要计算生产总量和工人总数，则单击“计算总数量”按钮。

生产线	公司	品目	产品编号	产品名称	尺寸	数量	报废数量	产出数量	单位	员工	班次	产出起始日期	产出截至日期	生产模板	订单	销售订单	类型	浪费的原因
mainLine	KH002		CP001	PCB两层主		120	0	120	一块	001 YG	白班	2021-09-27	2021-09-28		SCJH002	21090023	000001	
mainLine	KH002		YL001-0601	基板-0601		120	0	120	一块	003 YG	白班	2021-09-27	2021-09-28		SCJH002	21090023	000001	
mainLine	KH002		YL001-0402	基板-0402		120	0	120	一块	005 YG	白班	2021-09-27	2021-09-28		SCJH002	21090023	000001	
mainLine	KH002		YL001-0701	基板-0701		120	0	120	一块	002 YG	白班	2021-09-27	2021-09-28		SCJH002	21090023	000001	
mainLine	KH001		YL001-0502	基板-0502		0	0	0	一块	001 YG	白班	2021-11-01	2021-11-30		000002		000001	
mainLine	KH002		YL001-0202	基板-0202		120	0	120	一块	007 YG	白班	2021-09-27	2021-09-28		SCJH002	21090023	000001	
mainLine	KH002		YL001-0302	基板-0302		120	0	120	一块	006 YG	白班	2021-09-27	2021-09-28		SCJH002	21090023	000001	
mainLine	KH002	种类一	YL001-0102	基板-0102	S	120	0	120	一块	008 YG	白班	2021-09-27	2021-09-28		SCJH002	21090023	000001	
总计						1,760	0	1,760										
选定项总计						0	0	0										

图 3-44　生产分析报告

3. 结算员工工作时间

员工工作时间结算将计算用于给定订单或操作任务的总时间。报表的数据来自生产跟踪中记录的数据。为了使数据更真实，每名员工必须为每项工作或任务创建一条终端消息，并设定执行每个订单或任务的时间。

要执行工作时间分析功能，需要在导航界面中选择“分析-员工工作时间结算”选项，进入员工工作时间结算界面，如图 3-45 所示。

输入开始日期和结束日期之后，单击“加载数据”按钮，进入图 3-46 所示的界面，获取目标时间段的员工工作时间。

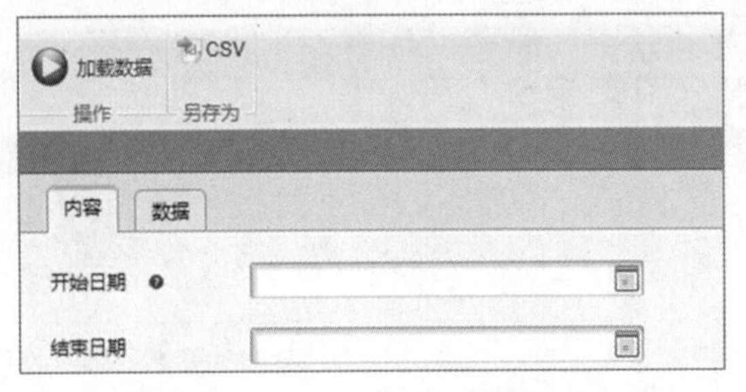

图 3-45　员工工作时间结算界面

员工	实际开始日期	结束日期	工作时间	改变	更改开始日	订单	操作	最终产品	部门	生产线	工作站
001 YG	2021-09-27 0...	2021-09-27 1...	12:00:00	白班	2021-09-27	SCJH002	1. 包装	CP001	W01-BZ	mainLine	W01-M30
002 YG	2021-09-27 0...	2021-09-27 1...	12:00:00	白班	2021-09-27	SCJH002	2. 文字印刷	CP001	W01-YS	mainLine	W01-M21
003 YG	2021-09-27 0...	2021-09-27 1...	12:00:00	白班	2021-09-27	SCJH002	3. 涂油	CP001	W01-JC	mainLine	W01-M26
004 YG	2021-09-27 0...	2021-09-27 1...	12:00:00	白班	2021-09-27	SCJH002	4. 蚀刻	CP001	W01-WC	mainLine	W01-M13
005 YG	2021-09-27 0...	2021-09-27 1...	12:00:00	白班	2021-09-27	SCJH002	5. 磨板	CP001	W01-KL	mainLine	W01-M04
006 YG	2021-09-27 0...	2021-09-27 1...	12:00:00	白班	2021-09-27	SCJH002	6. 电镀	CP001	W01-DD	mainLine	W01-M10
007 YG	2021-09-27 0...	2021-09-27 1...	12:00:00	白班	2021-09-27	SCJH002	7. 钻孔	CP001	W01-ZK	mainLine	W01-M07
008 YG	2021-09-27 0...	2021-09-27 1...	12:00:00	白班	2021-09-27	SCJH002	8. 裁切	CP001	W01-KL	mainLine	W01-M02

图 3-46　目标时间段的员工工作时间

通过相应地过滤数据，用户可以确定员工工作的总时间、员工在指定工作站上工作的时间、员工在指定生产线上工作的时间、员工在指定部门工作的时间、产品已投入使用的时间、向指定订单报告的工作时间等。

4. 分析绩效

要进行绩效分析，需要在导航界面中选择“分析-绩效分析”选项，进入图 3-47 所示的绩效分析界面。

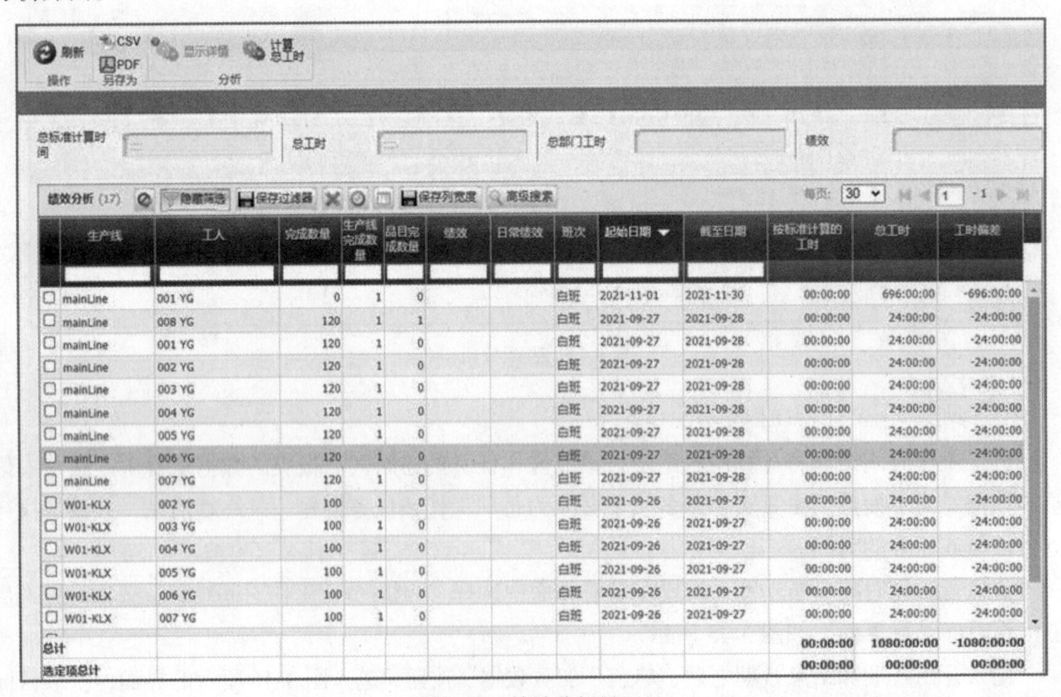

生产线	工人	完成数量	生产线完成数量	品目完成数量	绩效	日常绩效	班次	起始日期	截至日期	按标准计算的工时	总工时	工时偏差
mainLine	001 YG	0	1	0			白班	2021-11-01	2021-11-30	00:00:00	696:00:00	-696:00:00
mainLine	008 YG	120	1	1			白班	2021-09-27	2021-09-28	00:00:00	24:00:00	-24:00:00
mainLine	001 YG	120	1	0			白班	2021-09-27	2021-09-28	00:00:00	24:00:00	-24:00:00
mainLine	002 YG	120	1	0			白班	2021-09-27	2021-09-28	00:00:00	24:00:00	-24:00:00
mainLine	003 YG	120	1	0			白班	2021-09-27	2021-09-28	00:00:00	24:00:00	-24:00:00
mainLine	004 YG	120	1	0			白班	2021-09-27	2021-09-28	00:00:00	24:00:00	-24:00:00
mainLine	005 YG	120	1	0			白班	2021-09-27	2021-09-28	00:00:00	24:00:00	-24:00:00
mainLine	006 YG	120	1	0			白班	2021-09-27	2021-09-28	00:00:00	24:00:00	-24:00:00
mainLine	007 YG	120	1	0			白班	2021-09-27	2021-09-28	00:00:00	24:00:00	-24:00:00
W01-KLX	002 YG	100	1	0			白班	2021-09-26	2021-09-27	00:00:00	24:00:00	-24:00:00
W01-KLX	003 YG	100	1	0			白班	2021-09-26	2021-09-27	00:00:00	24:00:00	-24:00:00
W01-KLX	004 YG	100	1	0			白班	2021-09-26	2021-09-27	00:00:00	24:00:00	-24:00:00
W01-KLX	005 YG	100	1	0			白班	2021-09-26	2021-09-27	00:00:00	24:00:00	-24:00:00
W01-KLX	006 YG	100	1	0			白班	2021-09-26	2021-09-27	00:00:00	24:00:00	-24:00:00
W01-KLX	007 YG	100	1	0			白班	2021-09-26	2021-09-27	00:00:00	24:00:00	-24:00:00
总计										00:00:00	1080:00:00	-1080:00:00
选定项总计										00:00:00	00:00:00	00:00:00

图 3-47　绩效分析界面

如果员工在多条生产线上工作，则绩效将在多条生产线上呈现。对于每一条生产线，系统将单独分析生产数据，分别计算总产量和日产量。

若根据按标准计算的工时、总工时、工时偏差和效率计算总时间，单击“计算总工时”按钮，数据总和将从满足筛选条件的所有记录中确定，并显示在界面上方，如图 3-48 所示。

总标准计算时间	00:00:00	总工时	1080:00:00	总部门工时	-1080:00:00	绩效	0.00

图 3-48　计算总工时

单击“分析详情”按钮，可以查看此结果是由哪些生产注册记录形成的，如图 3-49 所示。

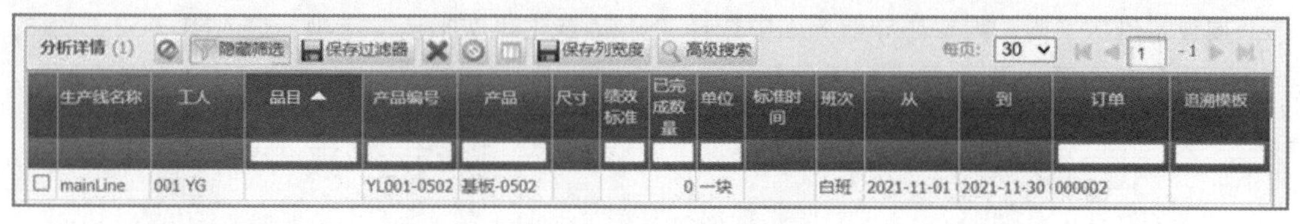

分析详情 (1)　隐藏筛选　保存过滤器　保存列宽度　高级搜索　每页: 30

生产线名称	工人	品目	产品编号	产品	尺寸	绩效标准	已完成数量	单位	标准时间	班次	从	到	订单	追溯模板
mainLine	001 YG		YL001-0502	基板-0502			0	一块		白班	2021-11-01	2021-11-30	000002	

图 3-49　查看生产注册记录

5. 分析成品

成品分析将收集有关成品总产量的信息。系统将告知用户在何时、哪一条生产线、为哪个承包商以及按什么顺序生产产品。该列表仅包含工艺树最高级别的输出产品，用户不会在此处看到组件订单中的输出产品。要执行成品分析功能，需要在导航界面中选择“分析-成品分析”选项，进入图 3-50 所示的界面。

刷新　CSV　PDF　计算总完成数量
操作　另存为　分析

总数量

成品分析 (17)　隐藏筛选　保存过滤器　保存列宽度　高级搜索　每页: 30

生产线	公司	品目	产品编号	产品名称	尺寸	数量	报废	完成数量	单位	班次	生产起始日期	生产截至日期	工艺生成器	订单
mainLine	KH002		YL001-0302	基板-0302		120	0	120	一块	白班	2021-09-27	2021-09-28		SCJH002
mainLine	KH002	种类一	YL001-0102	基板-0102	S	120	0	120	一块	白班	2021-09-27	2021-09-28		SCJH002
mainLine	KH002		CP001	PCB两层主板		120	0	120	一块	白班	2021-09-27	2021-09-28		SCJH002
mainLine	KH002		YL001-0202	基板-0202		120	0	120	一块	白班	2021-09-27	2021-09-28		SCJH002
mainLine	KH002		YL001-0402	基板-0402		120	0	120	一块	白班	2021-09-27	2021-09-28		SCJH002
mainLine	KH001		YL001-0502	基板-0502		0	0	0	一块	白班	2021-11-01	2021-11-30		000002
mainLine	KH002		YL001-0502	基板-0502		120	0	120	一块	白班	2021-09-27	2021-09-28		SCJH002
mainLine	KH002		YL001-0701	基板-0701		120	0	120	一块	白班	2021-09-27	2021-09-28		SCJH002
mainLine	KH002		YL001-0601	基板-0601		120	0	120	一块	白班	2021-09-27	2021-09-28		SCJH002
W01-KLX	KH001	种类一	YL001-0102	基板-0102	S	100	0	100	一块	白班	2021-09-26	2021-09-27		000001
W01-KLX	KH001		YL001-0402	基板-0402		100	0	100	一块	白班	2021-09-26	2021-09-27		000001
W01-KLX	KH001		YL001-0601	基板-0601		100	0	100	一块	白班	2021-09-26	2021-09-27		000001
总计						1,760	0	1,760						
选定项总计						0	0	0						

每页: 30

图 3-50　成品分析界面

在图 3-50 中，“数量”是报告中生产数量的总和，“完成数量”是生产数量和缺陷数量的总和。若要计算总数量，则单击“计算总完成数量”按钮。系统将自动计算用户勾选的所有产品的

总数量，并显示在界面上方，如图 3-51 所示。

图 3-51　产品总数量界面

6. 设定班次平衡

要计算工作人员工作时间，应收集用于目标订单或相关操作任务的工作时间的资料。表格的数据源是登记记录，即生产报告。为了使数据更真实，每名员工必须在系统上为每项操作创建一份报告，并设定工作时间。

要设定班次平衡，需要在导航界面中选择“分析-产生班次平衡”选项，进入图 3-52 所示的产生班次平衡界面。

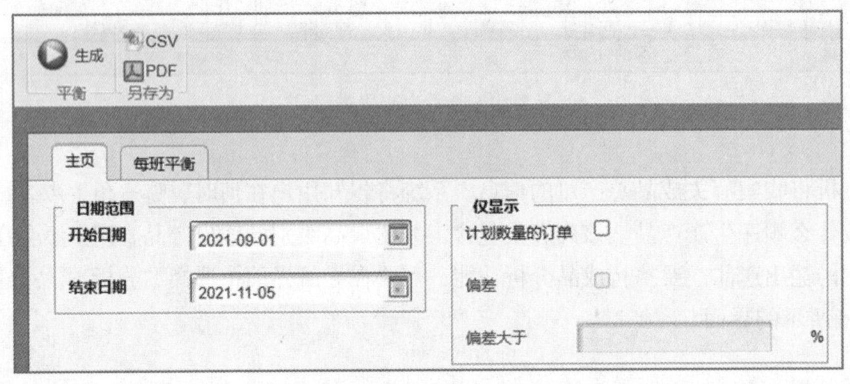

图 3-52　产生班次平衡界面

输入要统计的开始日期与结束日期，单击“生成”按钮，进入图 3-53 所示的界面。

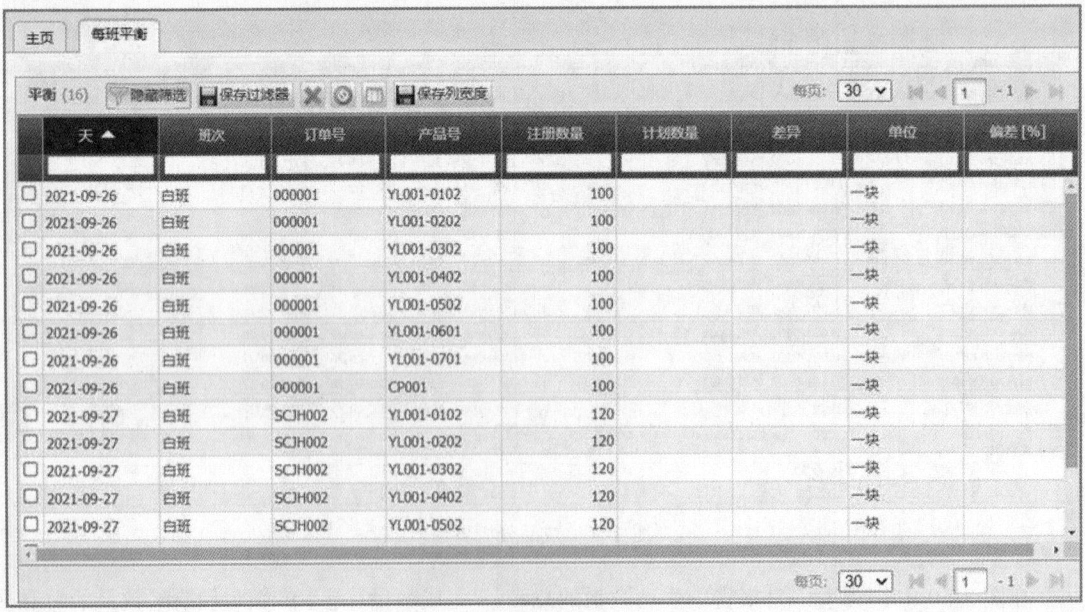

主页　每班平衡

平衡 (16)　隐藏筛选　保存过滤器　保存列宽度　每页: 30　1　-1

天	班次	订单号	产品号	注册数量	计划数量	差异	单位	偏差 [%]
2021-09-26	白班	000001	YL001-0102	100			一块	
2021-09-26	白班	000001	YL001-0202	100			一块	
2021-09-26	白班	000001	YL001-0302	100			一块	
2021-09-26	白班	000001	YL001-0402	100			一块	
2021-09-26	白班	000001	YL001-0502	100			一块	
2021-09-26	白班	000001	YL001-0601	100			一块	
2021-09-26	白班	000001	YL001-0701	100			一块	
2021-09-26	白班	000001	CP001	100			一块	
2021-09-27	白班	SCJH002	YL001-0102	120			一块	
2021-09-27	白班	SCJH002	YL001-0202	120			一块	
2021-09-27	白班	SCJH002	YL001-0302	120			一块	
2021-09-27	白班	SCJH002	YL001-0402	120			一块	
2021-09-27	白班	SCJH002	YL001-0502	120			一块	

每页: 30　1　-1

图 3-53　班次平衡的生成界面

3.3.5　任务检查与评价

任务实施完成后，进行任务检查与评价，检查评价单如表 3-3 所示。

表 3-3　检查评价单

项目名称	扮演生产计划管理员角色			
任务名称	生产分析			
评价方式	可采用自评、互评、老师评价等方式			
说　明	主要评价学生在任务 3.3 中的学习态度、课堂表现、学习能力等			
评价内容与评价标准				
序号	评价内容	评价标准	分值	得分
1	知识运用（20%）	掌握相关理论知识，理解本次任务要求，制订了详细计划，且计划条理清晰、逻辑正确（20 分）	20 分	
		理解相关理论知识，能根据本次任务要求制订合理计划（15 分）		
		了解相关理论知识，制订了计划（10 分）		
		没有制订计划（0 分）		
2	专业技能（40%）	能够在 MES 中快速完成生产分析和绩效分析，实验结果准确(40 分）	40 分	
		能够在 MES 中完成生产分析和绩效分析，实验结果准确（30 分）		
		能够在 MES 中完成生产分析和绩效分析，但需要帮助，实验结果准确（20 分）		
		没有完成任务（0 分）		
3	核心素养（20%）	具有良好的自主学习能力、分析并解决问题的能力，整个任务过程中有指导他人（20 分）	20 分	
		具有较好的学习能力和分析并解决问题的能力，整个任务过程中没有指导他人（15 分）		
		能够主动学习并收集信息，具有请教他人以解决问题的能力（10 分）		
		不主动学习（0 分）		
4	课堂纪律（20%）	设备无损坏、设备摆放整齐、工位保持整洁、没有干扰课堂秩序（20 分）	20 分	
		设备无损坏、没有干扰课堂秩序（15 分）		
		没有干扰课堂秩序（10 分）		
		干扰课堂秩序（0 分）		
总得分				

3.3.6　任务小结

本任务通过使用 MES 对生产数据进行分析计算，帮助读者在 MES 中完成生产分析，通过平衡生产线提高生产效率。任务 3.3 思维框架如图 3-54 所示。

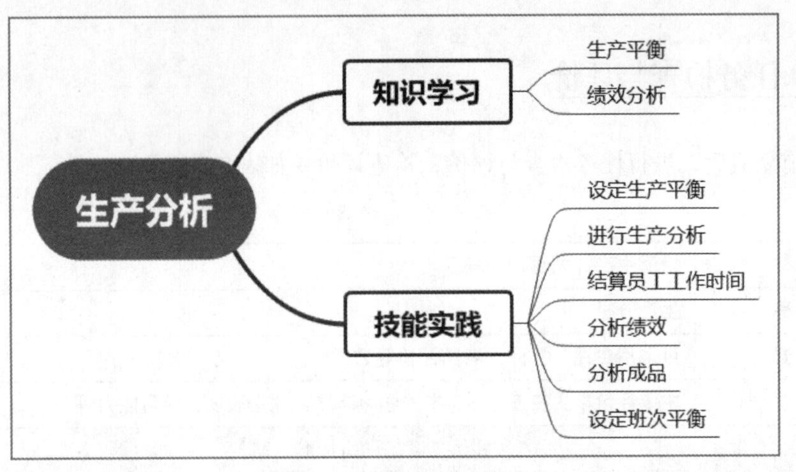

图 3-54　任务 3.3 思维框架

思考与练习

① 在 MES 中，创建一个新的“PCB 两层主板”生产计划。

② 在 MES 中，进行“PCB 两层主板”的生产执行跟踪。

③ 简述生产分析的流程。

扮演供应管理员角色

项目描述

供应管理员在企业中主要负责 MES 中采购订单的管理、物料需求的管理等。供应管理以采购管理为核心，管理原材料、零部件及其他物料的采购信息。本项目要求学生扮演供应管理员的角色，对采购订单、物料需求进行管理和维护，掌握 MES 中的供应管理功能。

任务 4.1 采购订单的管理

4.1.1 职业能力目标

- 能根据功能需求，使用 MES 对供应商进行维护、评估并询价，列出企业的采购计划，下订单进行采购。

4.1.2 任务要求

- 根据实际情况，建立采购订单。
- 根据采购订单，设定订单产品。
- 向供应商下订单，确定交货情况。

4.1.3 知识链接

采购订单是 MES 中的一个重要管理模块。采购管理是企业日常工作中不可缺少的一部分。采购订单是企业内部供应链的开始，也是企业和供应商之间供应链的桥梁，同时还是物流和资金流的重要组成部分。

4.1.4 任务实施

1. 创建采购订单

在图 4-1 所示的采购订单创建界面中，用户可以创建采购订单中的所需产品。

图 4-1 采购订单创建界面

单击“新增”按钮，进入图 4-2 所示的新增采购订单界面。

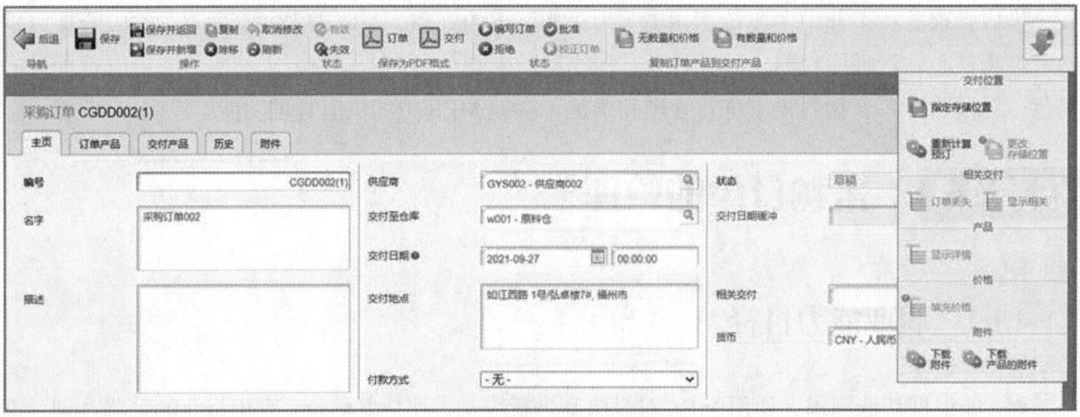

图 4-2 新增采购订单界面

在“主页”选项卡中，用户必须设定采购订单的“编号”，而“名字”“描述”为可选参数。

单击“放大镜”图标，从列表中选择用户想要下订单的“供应商”以及“交付日期”（确认交货时需要此字段）和“货币”，而“交付地点”和“付款方式”为可选参数。

设置完以上参数后，单击“保存”按钮进行保存。

2. 设定订单产品

单击“订单产品”选项卡，在图 4-3 所示的界面设定用户需要采购的产品。

单击“新增”按钮，切换到图 4-4 所示的界面。

单击“产品”右侧的“放大镜”图标，选择事先在列表中设定的产品，并设定“数量”“价格”。当用户设定“总计”或“单位”时，系统会自动计算出另外一个参数的数值并填充。

如果用户正在注册确定批次的产品，并且已知特定的批号，则可以在图 4-5 所示的“批次”选项卡中设定“批号”和“批次”。

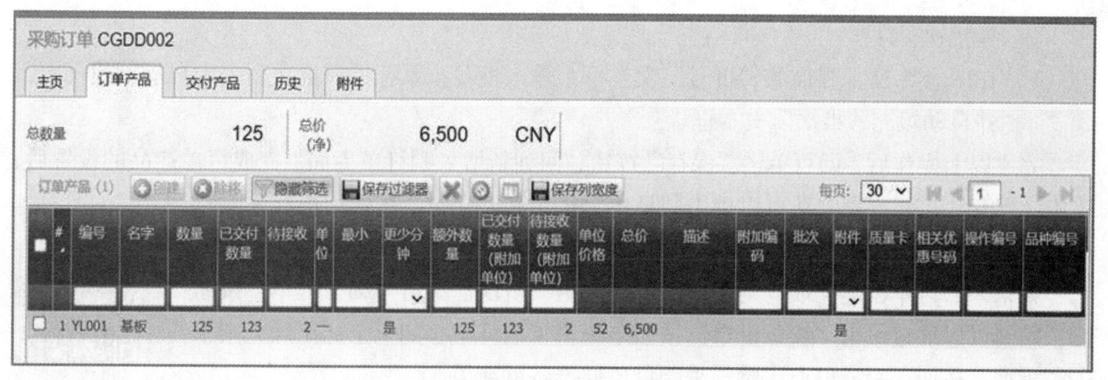

图 4-3　采购订单的订单产品创建界面

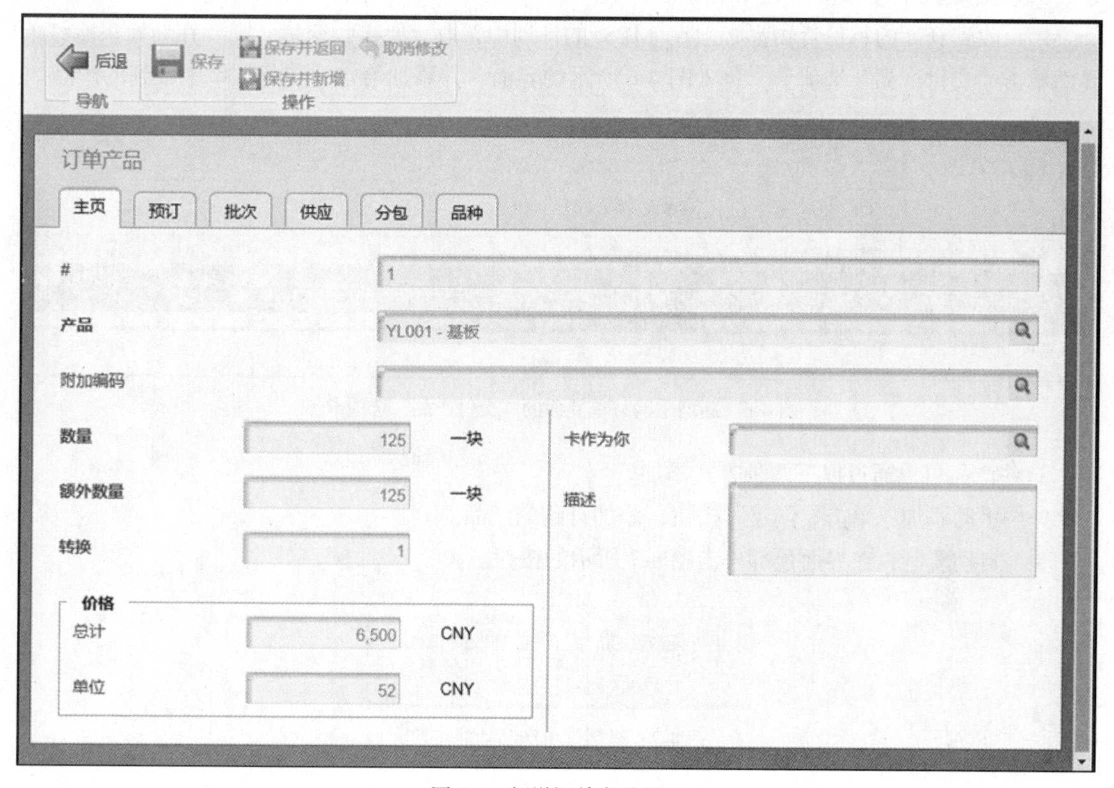

图 4-4　新增订单产品界面

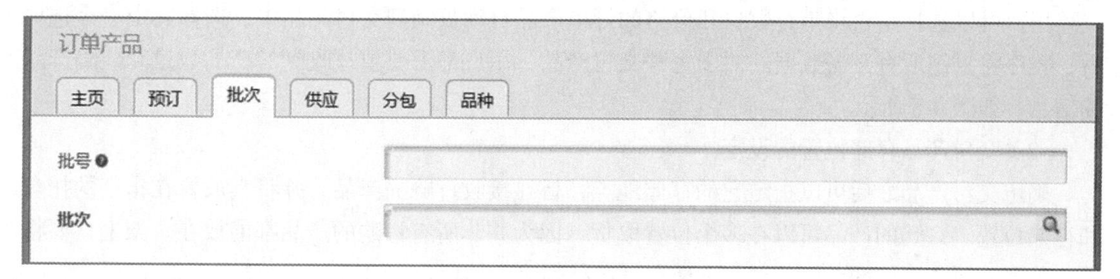

图 4-5　订单产品批次设定界面

用户可以通过以下两种方式设定批次。

➢　在导航界面中选择“族谱-批次”选项，进入批次创建界面，从定义的批次列表中选

择批次。

➢ 在图 4-5 所示界面的“批号”文本框中输入批号，系统将在批次列表中自动创建批次，并自动填充“批次”文本框。

完成以上操作后，即可单击“保存”按钮，回到新增采购订单界面。完成订单产品的设置后，单击“保存”按钮。用户还可以单击“订单”按钮和“交付”按钮，保存采购订单并将其以 PDF 格式输出。

微课

设定交付产品

如果采购订单创建完成，则用户可以进入下一阶段。单击“编写订单”按钮后，用户可以通过单击“校正订单”按钮来编辑采购订单。如果全部正确，则单击“批准”按钮。完成以上步骤，采购订单便准备就绪了。

3. 设定交付产品

用户收到仓库的每份货物都必须在 MES 的计划中领取。要接收交货，需要在新增采购订单界面单击“交付产品”选项卡，进入图 4-6 所示的界面，并添加给定的交货订单中收到的产品。

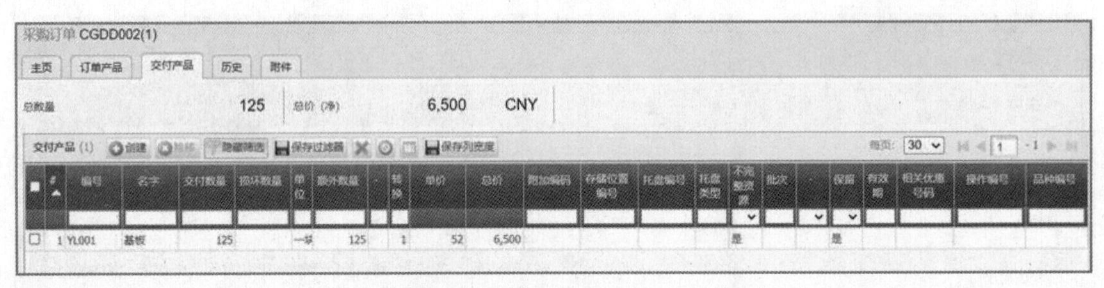

图 4-6 新增采购订单界面的“交付产品”选项卡

这些产品可以通过以下两种方式添加。

➢ 手动添加：单击“创建”按钮，添加订购的产品。

➢ 自动复制：在界面顶部单击图 4-7 所示的按钮。

图 4-7 复制订单产品功能按钮

（1）交付产品中基本数据的设定

用户可以选择是否将带有数量和价格的订单产品自动复制到交付产品中，选择其中一个选项后，程序将复制所有必需数据。对于每种交付产品，用户都需要填写收到的产品数量和缺陷产品的信息，如图 4-8 所示。

（2）交付产品存储位置的设定

确定交付产品之后可以指定它的存储地点，旨在接收订购的产品，并将其放置在指定的托盘和存储位置。订购的产品可以在多个位置取货，因为并非所有订购的产品都能放在货架上。要将采购的产品放在不同的存储位置，选择交付产品列表中的项目，然后单击“指定存储位置”按钮，进入图 4-9 所示的界面。

完成图 4-9 所示界面“托盘编号”“托盘类型”“存储位置”的设定，单击“加号”图标，还可以设定图 4-10 所示的参数。

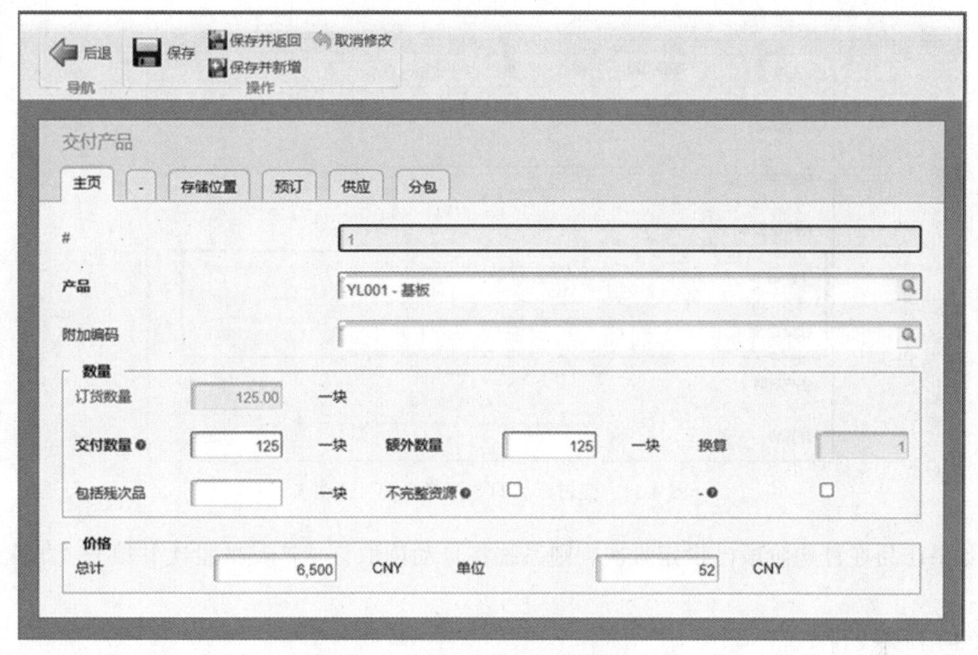

图 4-8　交付产品设定界面

图 4-9　交付产品存储位置设定界面

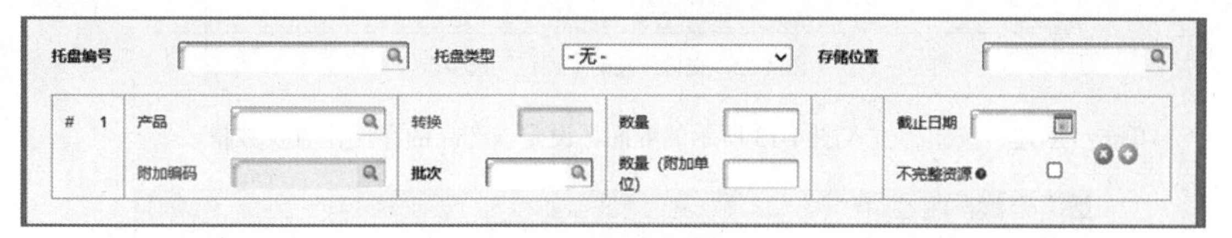

图 4-10　托盘设定界面

此界面可以设定相应产品的截止日期，并核实数量。单击“分配”按钮可返回并保存设定的所有数据。

如果用户需要准确记录产品信息，则必须指定交付的产品批次。要做到这一点，需要在图 4-11 所示交付产品的“存储位置”选项卡中进行产品批次的设定。

用户可以用以下两种方式设定批次。

- 在导航界面中选择“族谱-批次”选项，进入批次创建界面，从定义的批次列表中选择批次。
- 在图 4-11 所示界面的“批次”文本框中输入批号，系统将在批次列表中自动创建批次，并自动填充“批次”文本框。

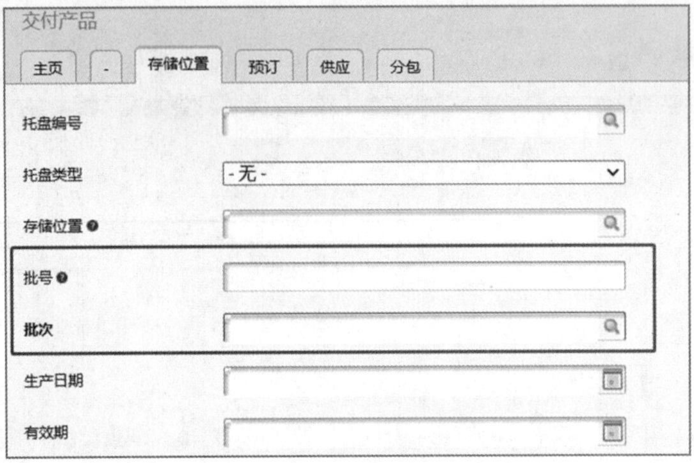

图 4-11　交付产品的“存储位置”选项卡

如果产品在订购阶段已设定批次，则系统将自动读取订单产品的批次并填充“批次”文本框。

（3）预订交付产品

用户可以在 MES 中重新调整订购的产品，单击“预订”选项卡，切换到图 4-12 所示的界面。

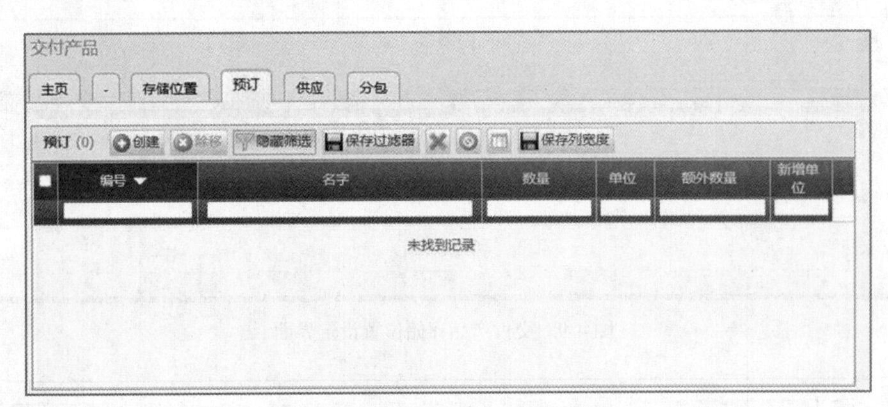

图 4-12　交付产品的“预订”选项卡

单击“创建”按钮，进入图 4-13 所示的界面，设定该产品的存储位置及数量。

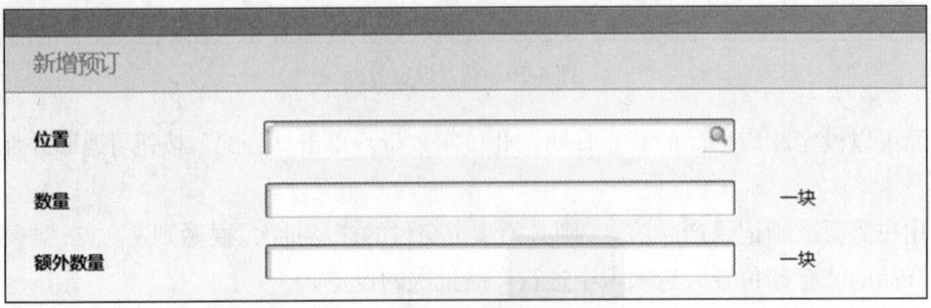

图 4-13　新增预订交付产品界面

（4）查询采购订单条款

在导航界面中选择“供应-采购订单条款”选项，进入图 4-14 所示的界面，即可查询用户订

购的所有产品列表，包括订购产品时使用的交付方式、供应商和订购的产品数量等信息。此外，用户可以单击“PDF”按钮，将这些信息保存为 PDF 文件。

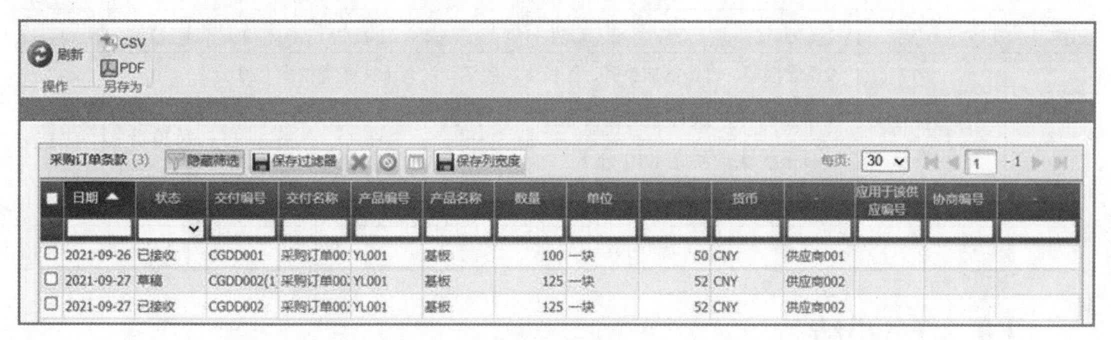

图 4-14　采购订单条款查询界面

4.1.5　任务检查与评价

完成任务实施后，进行任务检查与评价，检查评价单如表 4-1 所示。

表 4-1　检查评价单

<table>
<tr><td colspan="2">项目名称</td><td colspan="3">扮演供应管理员角色</td></tr>
<tr><td colspan="2">任务名称</td><td colspan="3">采购订单的管理</td></tr>
<tr><td colspan="2">评价方式</td><td colspan="3">可采用自评、互评、老师评价等方式</td></tr>
<tr><td colspan="2">说　明</td><td colspan="3">主要评价学生在任务 4.1 中的学习态度、课堂表现、学习能力等</td></tr>
<tr><td colspan="5">评价内容与评价标准</td></tr>
<tr><td>序号</td><td>评价内容</td><td>评价标准</td><td>分值</td><td>得分</td></tr>
<tr><td rowspan="4">1</td><td rowspan="4">知识运用
（20%）</td><td>掌握相关理论知识，理解本次任务要求，制订了详细计划，且计划条理清晰、逻辑正确（20 分）</td><td rowspan="4">20 分</td><td rowspan="4"></td></tr>
<tr><td>理解相关理论知识，能根据本次任务要求制订合理计划（15 分）</td></tr>
<tr><td>了解相关理论知识，制订了计划（10 分）</td></tr>
<tr><td>没有制订计划（0 分）</td></tr>
<tr><td rowspan="4">2</td><td rowspan="4">专业技能
（40%）</td><td>能够快速利用 MES 对供应商进行维护、评估并询价，列出企业的采购计划，下订单进行采购，实验结果准确（40 分）</td><td rowspan="4">40 分</td><td rowspan="4"></td></tr>
<tr><td>能够利用 MES 对供应商进行维护、评估并询价，列出企业的采购计划，下订单进行采购，实验结果准确（30 分）</td></tr>
<tr><td>能够利用 MES 对供应商进行维护、评估并询价，列出企业的采购计划，下订单进行采购，但需要帮助，实验结果准确（20 分）</td></tr>
<tr><td>没有完成任务（0 分）</td></tr>
<tr><td rowspan="4">3</td><td rowspan="4">核心素养
（20%）</td><td>具有良好的自主学习能力、分析并解决问题的能力，整个任务过程中有指导他人（20 分）</td><td rowspan="4">20 分</td><td rowspan="4"></td></tr>
<tr><td>具有较好的学习能力、分析并解决问题的能力，整个任务过程中没有指导他人（15 分）</td></tr>
<tr><td>能够主动学习并收集信息，具有请教他人以解决问题的能力（10 分）</td></tr>
<tr><td>不主动学习（0 分）</td></tr>
</table>

续表

评价内容与评价标准				
序号	评价内容	评价标准	分值	得分
4	课堂纪律（20%）	设备无损坏、设备摆放整齐、工位保持整洁、没有干扰课堂秩序（20 分）	20 分	
		设备无损坏、没有干扰课堂秩序（15 分）		
		没有干扰课堂秩序（10 分）		
		干扰课堂秩序（0 分）		
总得分				

4.1.6 任务小结

本任务通过使用 MES 对供应商进行维护、评估并询价，帮助读者在 MES 中列出企业的采购计划，掌握使用 MES 下订单并进行采购的方法。任务 4.1 思维框架如图 4-15 所示。

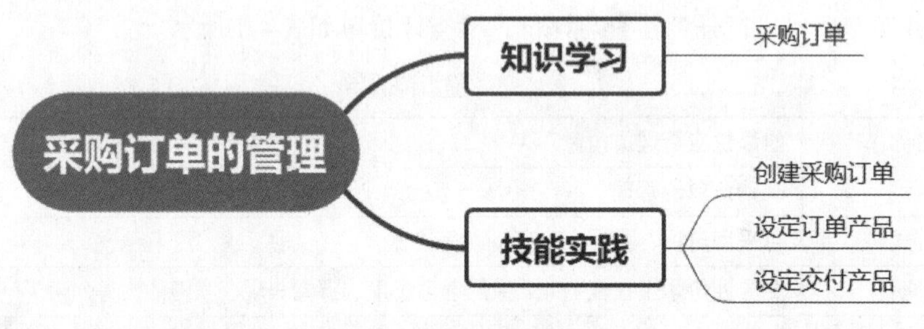

图 4-15 任务 4.1 思维框架

任务 4.2 物料需求的管理

4.2.1 职业能力目标

- 能根据功能需求，使用 MES 进行物料需求的管理和维护。

4.2.2 任务要求

- 根据生产订单，建立必要的物料需求清单。
- 根据给定范围，生成物料需求覆盖范围。
- 根据生产订单，管理内部货物问题。

4.2.3 知识链接

物料需求清单是完成生产订单所需的产品列表。在家里举办派对时，用户会准备一份购物清单，

其中包含制作菜品所需的所有材料，物料需求清单也一样。物料需求清单要根据工艺树和生产订单中包含的计划生产产品的数量来编制。如果用户生产 1 张桌子需要 5 块木板，那么当有 10 张桌子的生产订单时，物料需求清单将表明需要 50 块木板。物料需求清单还可以显示产品将从哪个仓库分发、何时需要产品以及产品当前的库存水平，这使仓库管理工作更加方便快捷。

4.2.4　任务实施

1．生成物料需求清单

在导航界面中选择“供应-物料需求”选项，进入图 4-16 所示的物料需求创建界面。

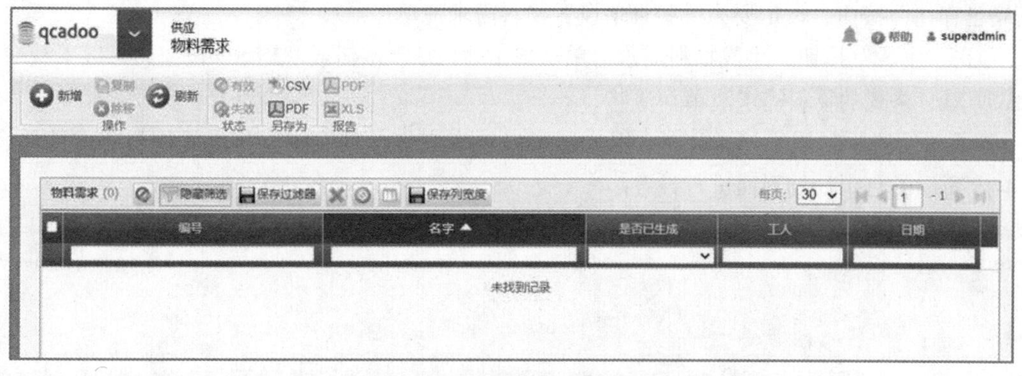

图 4-16　物料需求创建界面

单击“新增”按钮，进入图 4-17 所示的界面添加新的物料需求。

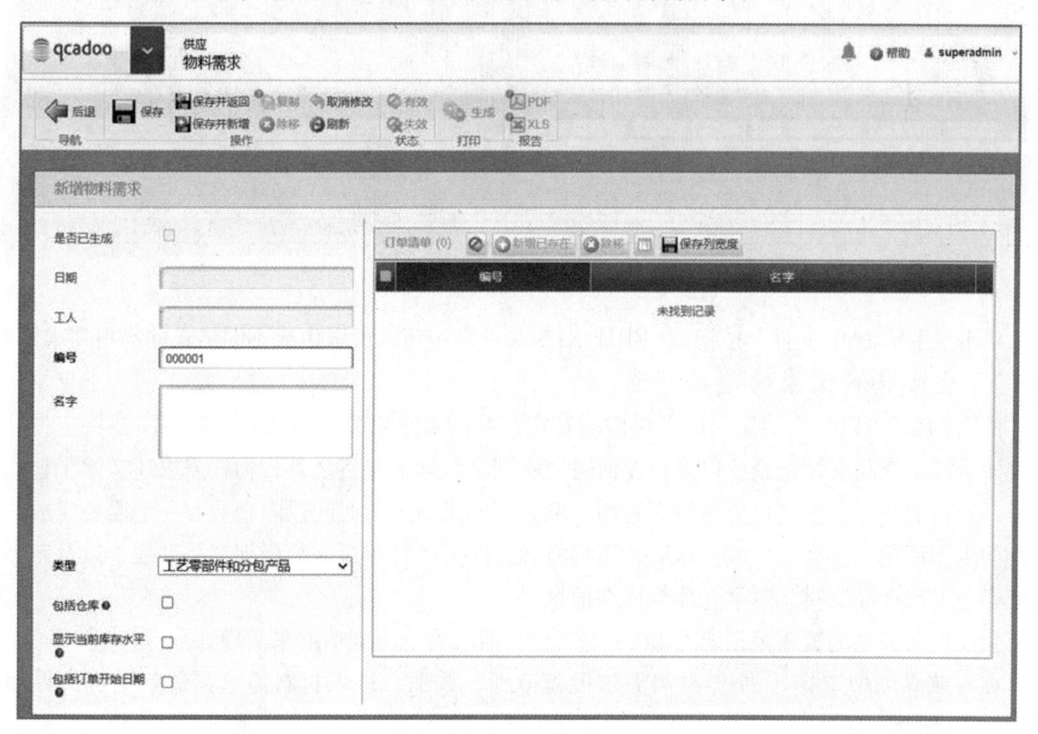

图 4-17　新增物料需求界面

新增物料需求界面的部分参数说明如下。

- “编号”“名字”为要创建的物料需求的编号和名称。
- “类型”用于设定选择用户需要的物料类型，可以是工艺的原材料、工艺的零件、所有工序中的产品或者工艺零部件和分包产品。
- “包括仓库”，如果用户想要知道生产计划在哪个仓库中消耗物料，则勾选该复选框，数据将会在仓库中进行分组。
- “显示当前库存水平”，如果用户想要查看给定物料当前的库存水平，则可以勾选该复选框。
- “包括订单开始日期”，如果勾选该复选框，则物料将在计划开始生产的日期之后分组。

设置完以上参数之后，单击“保存”按钮进行保存，同时界面右侧的订单清单被激活，单击“新增已存在”按钮，设定要为哪些订单设置物料需求清单。

单击“生成”按钮，生成物料需求清单。单击“PDF”按钮或“XLS”按钮，可以下载 PDF 格式或 XLS 格式的物料需求清单。

除手动设置物料需求清单以外，用户还可以从生产订单列表中直接生成物料需求清单，在图 4-18 所示的订单计划界面进行设置。

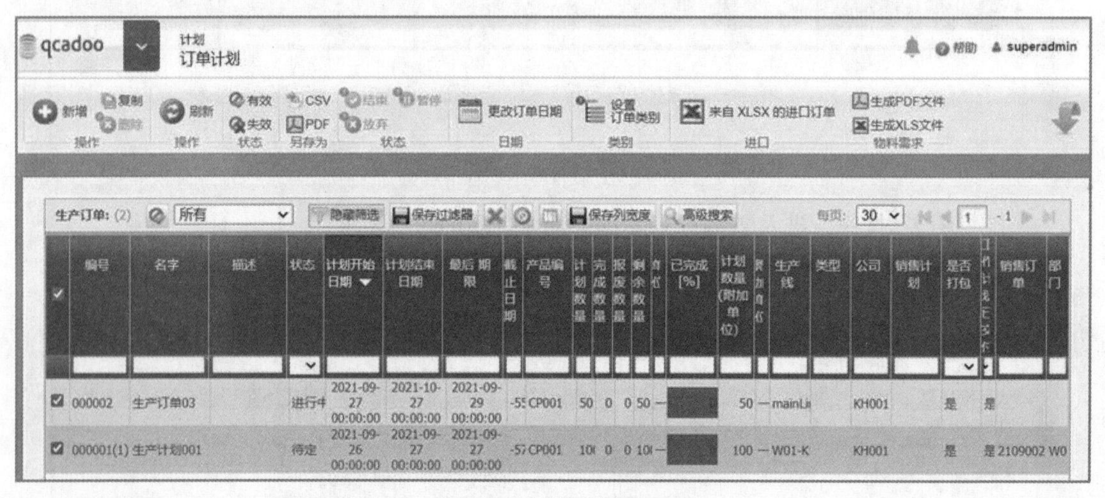

图 4-18 订单计划界面

单击“生成 PDF 文件”按钮或“生成 XLS 文件”按钮，可以生成不同格式的物料需求清单。

2. 生成物料需求的覆盖范围

使用 MES 可以生成给定时间单位内对特定产品的需求信息，包括企业何时需要特定产品、将有多少特定产品交付给企业以及企业何时会收到它。除了交货之外，物料需求还考虑了仓库的库存。此功能在下发生产订单时特别有用。例如，如果给定的时间段内企业有一个需要完成 5 个工件的生产订单，那么在生成需求后，用户将看到完成此订单所需的详细产品列表，以及产品来自哪个仓库和产品交付到哪个仓库等详细信息。

生成物料需求的覆盖范围通过 MES 中的材料需求覆盖范围功能来实现。

在导航界面中选择“供应-材料需求覆盖范围”选项，进入材料需求覆盖范围定义界面，如图 4-19 所示。

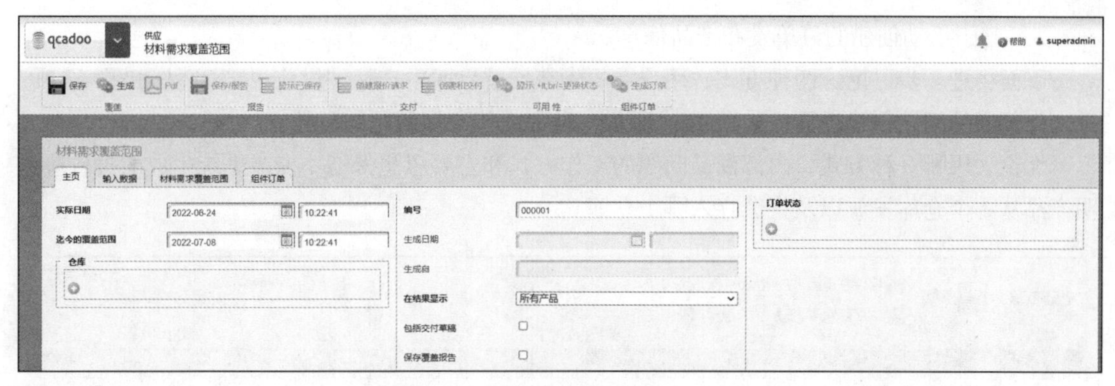

图 4-19　材料需求覆盖范围定义界面

材料需求覆盖范围定义界面的部分参数说明如下。

- “实际日期”“迄今的覆盖范围”用于设定要检查覆盖范围的时间段。
- “仓库”用于设定要检查覆盖范围的仓库。
- “在结果显示”用于设定希望在结果中看到的产品，可以选择“所有产品”“没有库存的产品”或“只有短缺/延迟的产品”几个选项。
- “编号”是自动填充的，如果想更改编号，则可以手动进行更改。

设定好对应参数后，单击“生成”按钮，生成包含材料需求覆盖范围的列表，如图 4-20 所示。

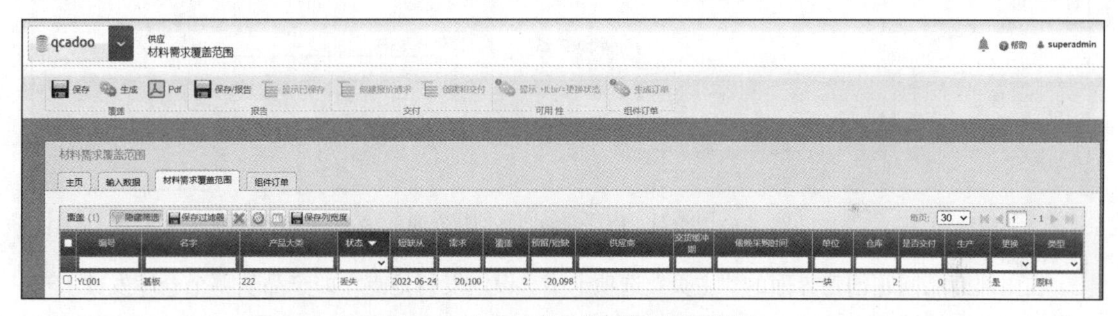

图 4-20　生成材料需求覆盖范围的列表

材料需求覆盖范围提供了以下信息。

- 生成材料需求覆盖范围需要的原材料和组件。
- 是否有足够的数量或执行计划的订单，在什么时候缺少给定的原材料。
- 原材料供应商以及供应商的交货缓冲期。
- 最迟什么时候订购原材料才能保证生产顺利进行，目前的库存是多少。
- 产品是原材料还是组件，如果是一个组件，是否已经对其进行了委托生产，预计何时可以将其接收到仓库。
- 产品是否有明确的替换品，替换品的库存是多少。

3. 管理内部商品问题

管理内部商品问题是 MES 向仓库员工提供的关于计划在仓库中发布哪些产品的信息，从而确保企业能够准备数量充足的产品并按时交付。

管理内部商品问题可以采用以下两种方式。

- 为生产订单发布产品信息。

➢ 基于手动创建的订单发布产品信息。

下面将进一步讨论这两种方式，用户需要先在导航界面中选择“供应-内部商品问题”选项，进入内部商品问题创建界面，如图 4-21 所示，设置内部商品问题的参数。

无论采用哪一种方式，内部商品问题的工作方式和主要思想保持不变。系统生成的报告应说明产品从哪个仓库发放以及将会存入哪个仓库。

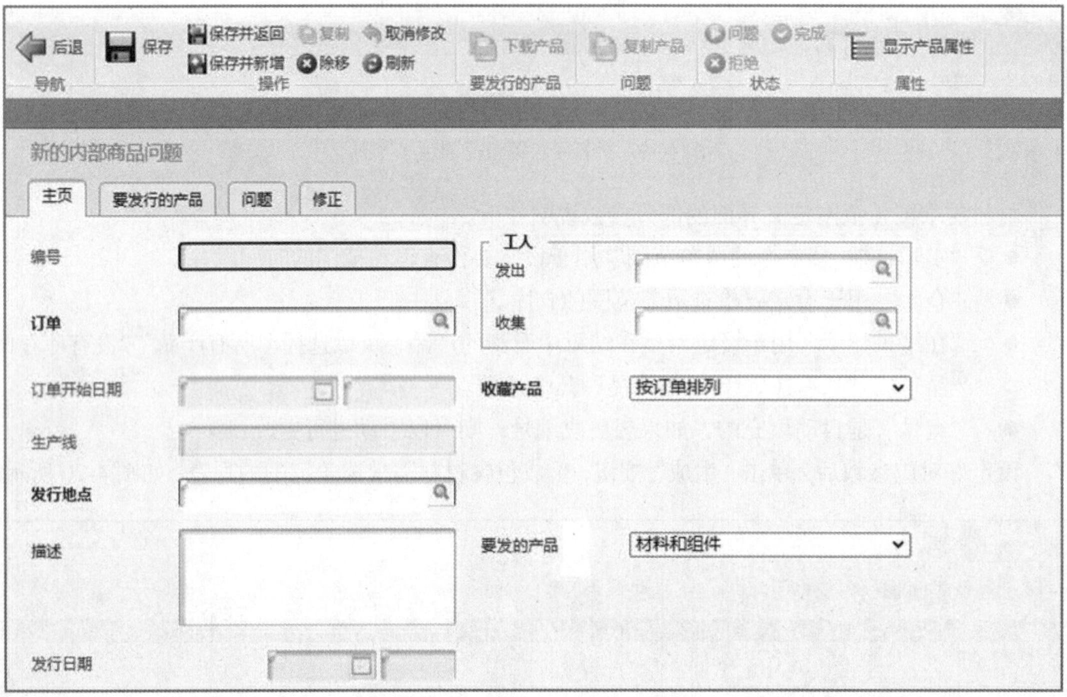

后退 保存 保存并返回 复制 取消修改 保存并新增 除移 刷新 下载产品 复制产品 问题 完成 拒绝 显示产品属性
导航 操作 要发行的产品 问题 状态 属性
新的内部商品问题
主页 要发行的产品 问题 修正
编号
订单
订单开始日期
生产线
发行地点
描述
发行日期
工人
发出
收集
收藏产品 按订单排列
要发的产品 材料和组件

图 4-21　内部商品问题创建界面

在内部商品问题创建界面的“主页”选项卡中，设定发行地点（即产品从哪个仓库发放），选择目标订单，系统将自动填充订单数据，包括编号、订单开始日期和生产线，还可以填写员工发出和收集的信息。

图 4-22 所示的“要发行的产品”选项卡包含要发布的产品列表。

后退 保存 保存并返回 复制 取消修改 保存并新增 除移 刷新 下载产品 复制产品 问题 完成 拒绝 显示产品属性
导航 操作 要发行的产品 问题 状态 属性
新的内部商品问题
主页 要发行的产品 问题 修正
要发布的产品列表 (0) 创建 除移 隐藏筛选 保存过滤器 保存列宽度 每页: 30 1 -1

产品编号	产品名称	其他代码	需求问题	在添加中的需求数量	校正	转换	从whs中来的数量	发出	单位	位置	存储位置	位置发布数量

未找到记录

图 4-22　“要发行的产品”选项卡

要发布的产品列表包括每种产品的需求问题、在添加中的需求数量、基本或附加单位和相应

的转换器，以及仓库管理员需要为位置发布准备的数量。此外，还包括产品在收发货仓库中的库存、产品在收货仓库中要占用的存储位置（只有定义了产品在收货仓库中的永久存储位置，才会显示此信息）、已消耗的数量，以及需要如何进行数量调整（即给定的收货仓库的原收货计划中减少的数量）。对于保存在要发布的产品列表中的产品，用户可以预览事先定义的属性，单击“显示产品属性”按钮即可显示。

以上是要发布的产品的相关信息。但是，如何保存已发布的内容？

首先在要发布的产品列表中勾选要发布的产品。然后单击“复制产品”按钮，将产品的相关信息复制到“要发行的产品”选项卡中。默认情况下，系统会假设用户将消耗所有剩余的产品。如果用户想消耗指定数量的产品，则需要输入要发布的产品的详细信息，并设置数量以满足相应的需求。最后单击“问题”按钮，确认偏移量。产品一旦发布，系统就会更新“要发行的产品”选项卡中的数量。“问题”选项卡的“发出”列将显示“是”。

4.2.5 任务检查与评价

任务实施完成后，进行任务检查与评价，检查评价单如表 4-2 所示。

表 4-2　检查评价单

<table>
<tr><td colspan="2">项目名称</td><td colspan="3">扮演供应管理员角色</td></tr>
<tr><td colspan="2">任务名称</td><td colspan="3">物料需求的管理</td></tr>
<tr><td colspan="2">评价方式</td><td colspan="3">可采用自评、互评、老师评价等方式</td></tr>
<tr><td colspan="2">说　　明</td><td colspan="3">主要评价学生在任务 4.2 中的学习态度、课堂表现、学习能力等</td></tr>
<tr><td colspan="5">评价内容与评价标准</td></tr>
<tr><td>序号</td><td>评价内容</td><td>评价标准</td><td>分值</td><td>得分</td></tr>
<tr><td rowspan="4">1</td><td rowspan="4">知识运用
（20%）</td><td>掌握相关理论知识，理解本次任务要求，制订了详细计划，且计划条理清晰、逻辑正确（20 分）</td><td rowspan="4">20 分</td><td rowspan="4"></td></tr>
<tr><td>理解相关理论知识，能根据本次任务要求制订合理计划（15 分）</td></tr>
<tr><td>了解相关理论知识，制订了计划（10 分）</td></tr>
<tr><td>没有制订计划（0 分）</td></tr>
<tr><td rowspan="4">2</td><td rowspan="4">专业技能
（40%）</td><td>能够快速使用 MES 进行物料需求管理，实验结果准确（40 分）</td><td rowspan="4">40 分</td><td rowspan="4"></td></tr>
<tr><td>能够使用 MES 进行物料需求管理，实验结果准确（30 分）</td></tr>
<tr><td>能够使用 MES 进行物料需求管理，但需要帮助，实验结果准确（20 分）</td></tr>
<tr><td>没有完成任务（0 分）</td></tr>
<tr><td rowspan="4">3</td><td rowspan="4">核心素养
（20%）</td><td>具有良好的自主学习能力、分析并解决问题的能力，整个任务过程中有指导他人（20 分）</td><td rowspan="4">20 分</td><td rowspan="4"></td></tr>
<tr><td>具有较好的学习能力、分析并解决问题的能力，整个任务过程中没有指导他人（15 分）</td></tr>
<tr><td>能够主动学习并收集信息，具有请教他人以解决问题的能力（10 分）</td></tr>
<tr><td>不主动学习（0 分）</td></tr>
</table>

续表

评价内容与评价标准				
序号	评价内容	评价标准	分值	得分
4	课堂纪律（20%）	设备无损坏、设备摆放整齐、工位保持整洁、没有干扰课堂秩序（20 分）	20 分	
		设备无损坏、没有干扰课堂秩序（15 分）		
		没有干扰课堂秩序（10 分）		
		干扰课堂秩序（0 分）		
总得分				

4.2.6 任务小结

本任务通过使用 MES 对生产订单的物料需求进行跟踪管理，帮助读者学会检查物料需求并判断物料数量是否充足，掌握使用 MES 对物料需求进行管理的方法。任务 4.2 思维框架如图 4-23 所示。

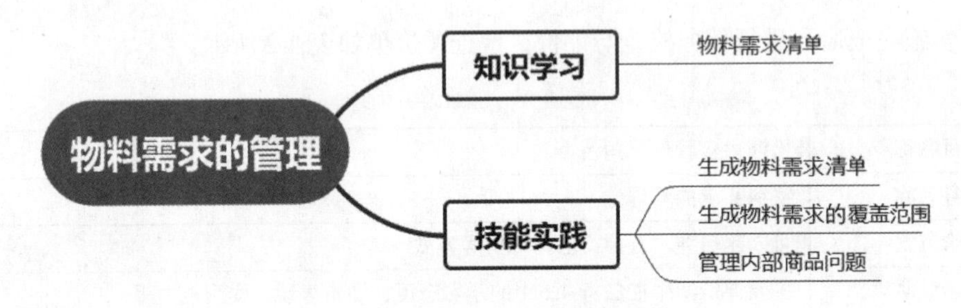

图 4-23　任务 4.2 思维框架

思考与练习

① 在 MES 中，根据生产计划创建一个新的采购订单。

② 简述物料需求管理的流程。

项目描述

仓库管理员在企业中主要负责 MES 中的托盘管理、仓库管理等。产品进入仓库时，要先将其放入对应的托盘，再将托盘存储在货架上。如果要在托盘上查找产品，则必须对托盘进行管理。仓库是存储产品（原材料、半成品、成品）的地方，在 MES 中需要定义仓库，并管理产品的出入库、监控库存管理等。本项目要求学生扮演仓库管理员的角色，对托盘、仓库进行管理和维护，掌握 MES 中的仓库管理功能。

任务 5.1 托盘管理

5.1.1 职业能力目标

- 在 MES 中，能完成托盘编号的设定，以便在仓库中搜寻指定产品。
- 在 MES 中，能掌握托盘管理功能。

5.1.2 任务要求

- 根据实际情况，设定托盘编号。
- 掌握 MES 中的托盘管理功能。

5.1.3 知识链接

托盘是一种可以重复使用的物流容器。在 MES 中使用托盘进行运输可以提高物流效率，缩

短供应时间，大大降低物流成本。托盘是使静态货物转变为动态货物的媒介，是一种可移动的载货平台。即放在地面上失去灵活性的货物，一旦放入托盘便获得了灵活性，成为流动货物，因为托盘上的货物在任何时候都处于运动准备状态。这种以托盘为基本工具组成的动态装卸方法，叫作托盘作业。

5.1.4 任务实施

微课

托盘管理

1. 托盘编号的设定

将产品放入托盘的存储过程如下。

产品到达——将产品放入托盘——将托盘存储在货架上。

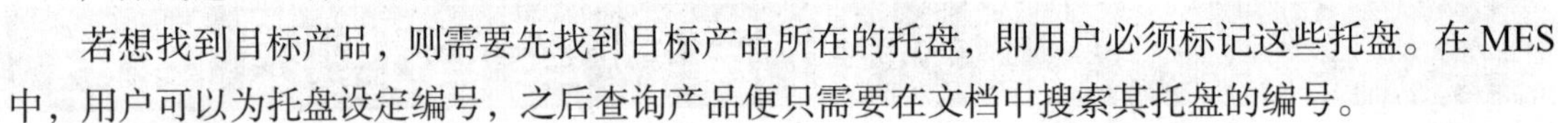

若想找到目标产品，则需要先找到目标产品所在的托盘，即用户必须标记这些托盘。在 MES 中，用户可以为托盘设定编号，之后查询产品便只需要在文档中搜索其托盘的编号。

托盘编号的设定有两种方式：一是手动添加，此方式必须单个添加托盘编号；二是利用 MES 自动生成。

在导航界面中选择“基础-托盘自身编号”选项，进入图 5-1 所示的界面。

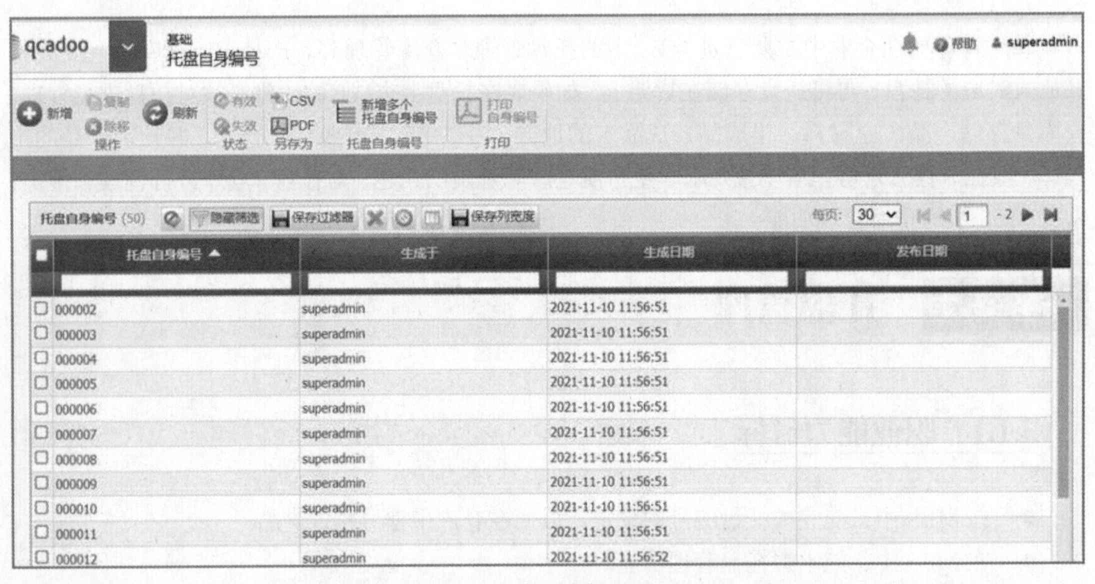

图 5-1　托盘编号列表

单击“新增”按钮，进入图 5-2 所示的界面，手动添加托盘编号。

输入编号后单击“保存”按钮进行保存，保存后系统将自动填充“生成于”“生成日期”这两个参数，随后单击“打印自身编号”按钮进行打印。此处的“发布日期”实际上就是托盘中产品清零的日期，用户也可以手动设置此日期。

手动逐个设定托盘编号的效率比较低，用户可以使用 MES 来自动生成托盘编号。在导航界面中选择“基础-托盘编号生成器”选项，进入图 5-3 所示的界面。

单击“新增”按钮，进入图 5-4 所示的界面，新增一系列托盘编号。

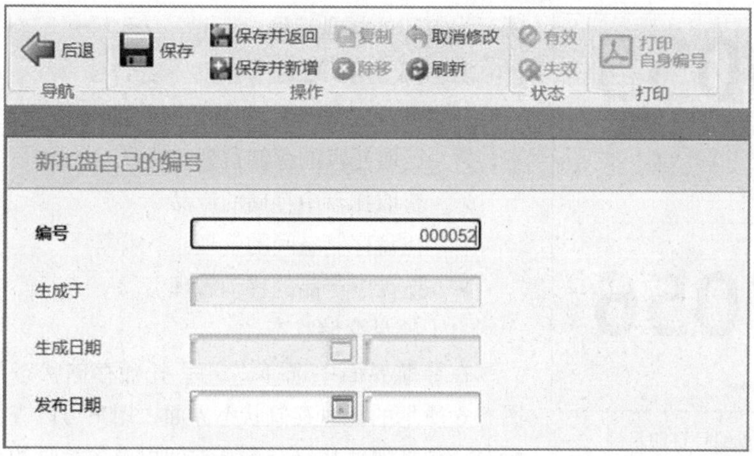

图 5-2　手动添加托盘编号界面

图 5-3　托盘编号生成器界面

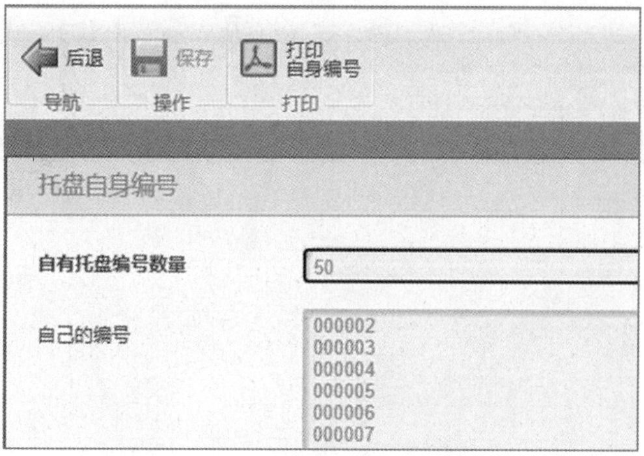

图 5-4　新增托盘编号界面

或者直接在图 5-1 所示的界面中单击“新增多个托盘自身编号”按钮，进入图 5-4 所示的界面，输入“自有托盘编号数量”之后，单击“保存”按钮，再单击“打印自身编号”按钮。图 5-5

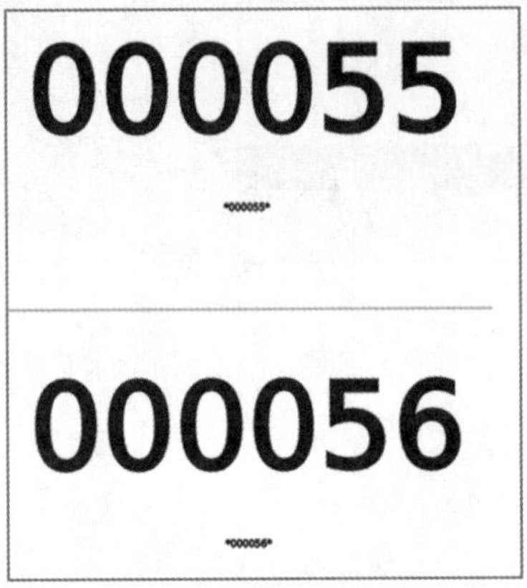

000055

000055

000056

000056

图 5-5　托盘编号打印示例

所示为打印的托盘编号。

2. 托盘状况的管理

托盘状况的管理包含以下几个部分。

- 获取托盘的存储位置。
- 获取托盘中存储的产品。
- 托盘存储空间的管理。
- 托盘中产品的移动管理。

（1）托盘存储状态

在导航界面中选择“仓库-托盘存储状态”选项，进入图 5-6 所示的托盘存储状态界面，用户可以查看托盘的使用状况，包括哪些托盘有剩余空间以及各托盘的存储位置等。

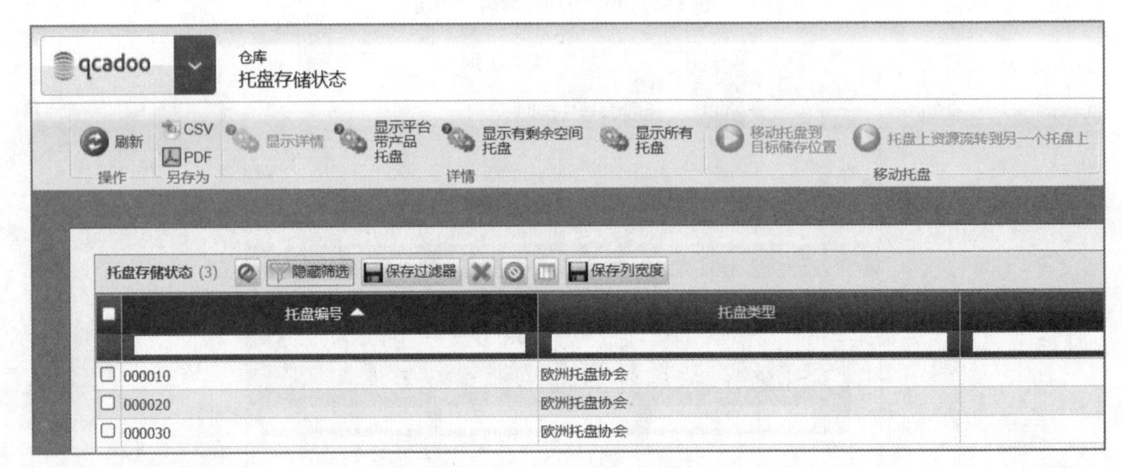

图 5-6　托盘存储状态界面

勾选具体的托盘，单击“显示详情”按钮，可以查看托盘包含的产品、产品的数量和有效期，如图 5-7 所示。

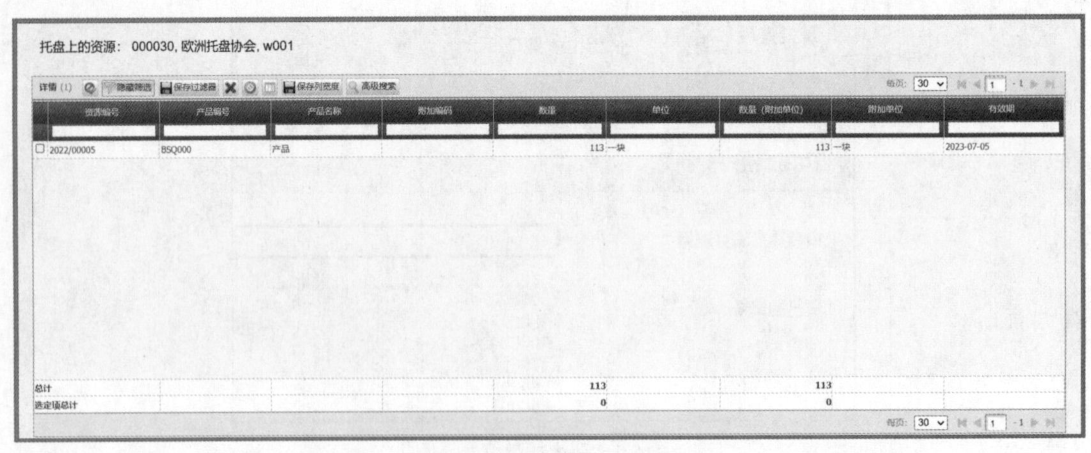

图 5-7　查看托盘中的产品

（2）在托盘间移动产品

使用托盘的移动功能可以将一个托盘中的产品移动到另一个托盘中，或者为节约存储空间，

将多个容量不饱和的托盘中的产品移动到一个托盘中。

在 MES 中设定托盘的负载能力，管理那些仍有空间容纳其他产品的托盘。在导航界面中选择“参数-仓库参数选项，进入仓库参数设定界面，单击“仓库状态”选项卡，设定托盘状态参数，如图 5-8 所示。

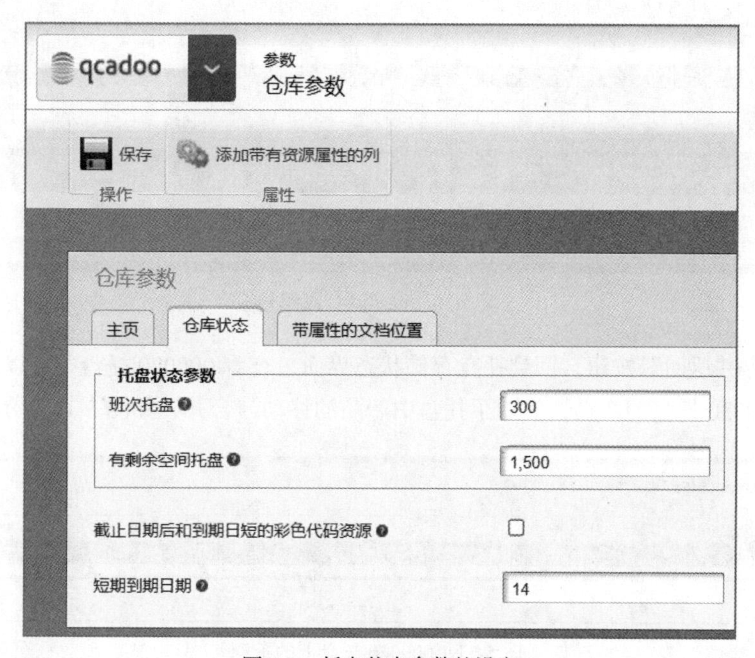

图 5-8　托盘状态参数的设定

“仓库状态”选项卡的部分参数说明如下。

- “班次托盘”设定每个班次需要从一个托盘转移到另一个托盘的产品数量。
- “有剩余空间托盘”设定在接收产品时托盘的最大容量。由于该参数适用于仓库中的所有托盘，因此必须设定为平均值。

在托盘存储状态界面单击“显示有剩余空间托盘”按钮，可以查看那些状态（定量）低于参数中指定产品数量的托盘，如图 5-9 所示。（此处设定 000010 托盘中有 2000 件产品，000020 托盘中有 600 件产品，000030 托盘中有 113 件产品。）

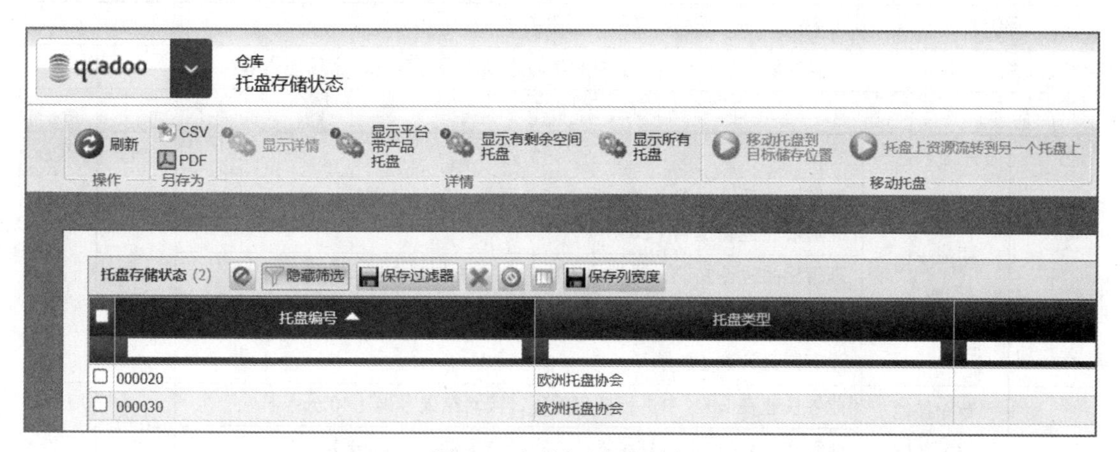

图 5-9　有剩余空间的托盘

在 MES 中，可以将产品从一个托盘移动到另一个托盘上，从而节约托盘空间。勾选需要移动产品的托盘，单击“托盘上资源流转到另一个托盘上”按钮，进入“在托盘间流转产品”界面，设定新托盘编号，如图 5-10 所示。

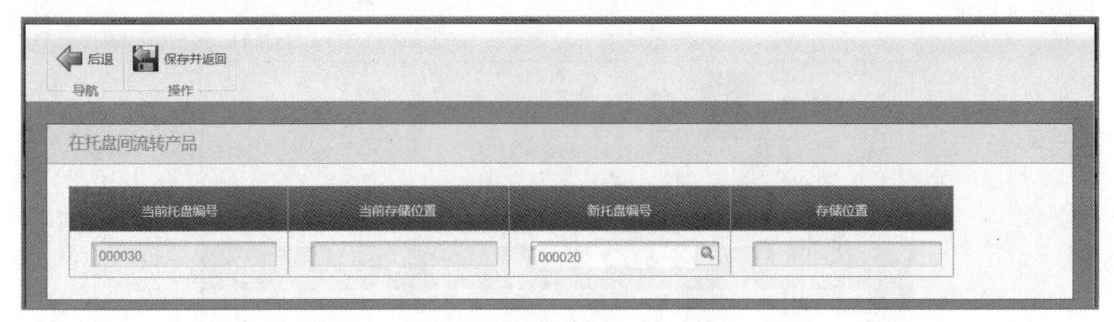

图 5-10　设定新托盘编号

单击“保存并返回”按钮，回到托盘存储状态界面，查看 000020 托盘，可以发现 000020 托盘中新增了 000030 托盘的产品，实现了托盘中产品的移动与合并，如图 5-11 所示。

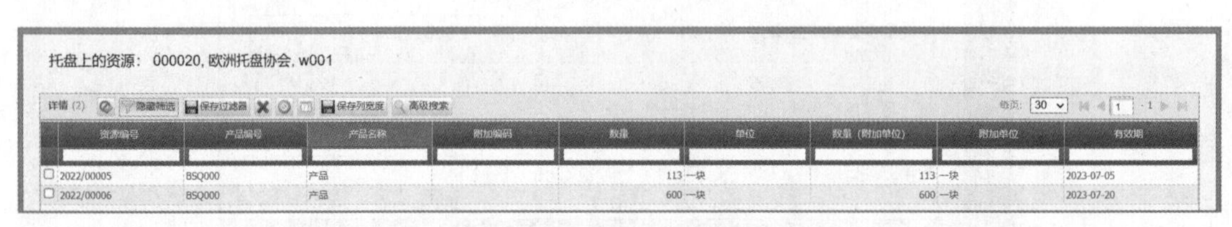

图 5-11　000020 托盘上的资源

5.1.5　任务检查与评价

任务实施完成后，进行任务检查与评价，检查评价单如表 5-1 所示。

表 5-1　检查评价单

项目名称	扮演仓库管理员角色			
任务名称	托盘管理			
评价方式	可采用自评、互评、老师评价等方式			
说　　明	主要评价学生在任务 5.1 中的学习态度、课堂表现、学习能力等			
评价内容与评价标准				
序号	评价内容	评价标准	分值	得分
1	知识运用（20%）	掌握相关理论知识，理解本次任务要求，制订了详细计划，且计划条理清晰、逻辑正确（20 分）	20 分	
		理解相关理论知识，能根据本次任务要求制订合理计划（15 分）		
		了解相关理论知识，制订了计划（10 分）		
		没有制订计划（0 分）		
2	专业技能（40%）	能够快速在 MES 中进行托盘管理，实验结果准确（40 分）	40 分	
		能够在 MES 中进行托盘管理，实验结果准确（30 分）		

续表

评价内容与评价标准				
序号	评价内容	评价标准	分值	得分
2	专业技能（40%）	能够在 MES 中进行托盘管理，但需要帮助，实验结果准确（20 分）	40 分	
		没有完成任务（0 分）		
3	核心素养（20%）	具有良好的自主学习能力、分析并解决问题的能力，整个任务过程中有指导他人（20 分）	20 分	
		具有较好的学习能力、分析并解决问题的能力，整个任务过程中没有指导他人（15 分）		
		能够主动学习并收集信息，具有请教他人以解决问题的能力（10 分）		
		不主动学习（0 分）		
4	课堂纪律（20%）	设备无损坏、设备摆放整齐、工位保持整洁、没有干扰课堂秩序（20 分）	20 分	
		设备无损坏、没有干扰课堂秩序（15 分）		
		没有干扰课堂秩序（10 分）		
		干扰课堂秩序（0 分）		
总得分				

5.1.6　任务小结

本任务通过在 MES 中进行托盘编号的设定以及托盘状况的管理，帮助读者掌握 MES 中的托盘管理功能。任务 5.1 思维框架如图 5-12 所示。

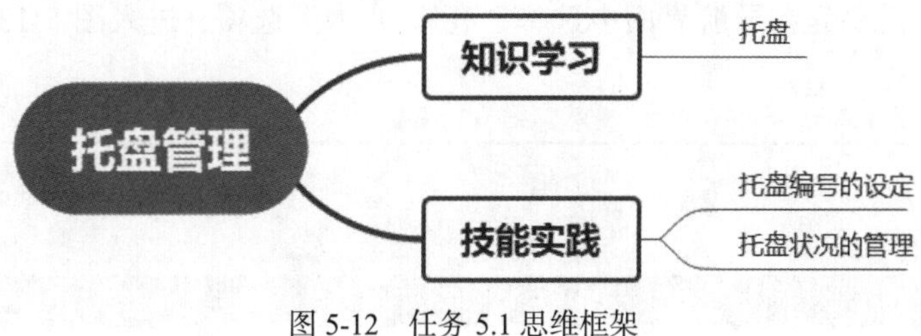

图 5-12　任务 5.1 思维框架

任务 5.2　仓库管理

5.2.1　职业能力目标

- 结合生产实例，学会利用 MES 管理生产物料库存和成品库存，同时利用 MES 分配并跟踪物料。

5.2.2　任务要求

- 根据企业物料的库存情况，创建仓库。

- 根据产品的不同类型，为产品设定存储位置。
- 根据仓库的库存情况，管理仓库文件并监控库存。

5.2.3 知识链接

仓库是一个存储产品的空间，用户会设置一个专门的仓库来存储产品，如存放生产产品的原材料。另外，在将产品发送给客户之前，用户可能需要在某处放置产品，这些地方在 MES 中定义为仓库。

通常情况下，用户至少会创建两个仓库，即原材料仓库和成品仓库，有时还会创建半成品仓库。

MES 中的仓库有以下功能。

- 确定仓库之间的产品流。
- 扩大产品生产注册。
- 从生产登记处接收产品。
- 接受交付。
- 进行状态分析。
- 进行需求覆盖率分析。

5.2.4 任务实施

1. 创建仓库

要创建仓库，需要先在导航界面中选择“仓库-仓库”选项，进入图 5-13 所示的仓库创建界面。

图 5-13 仓库创建界面

单击“新增”按钮，创建所需的仓库，如图 5-14 所示。

在“主页”选项卡中设定仓库的基本属性，即输入该仓库的编号和名称。

无论是内部发布的订单，还是手动设定的订单，仓库的工作方式基本相同。用户应设定目标产品是从哪个仓库取出的，最终又流向了哪个仓库。

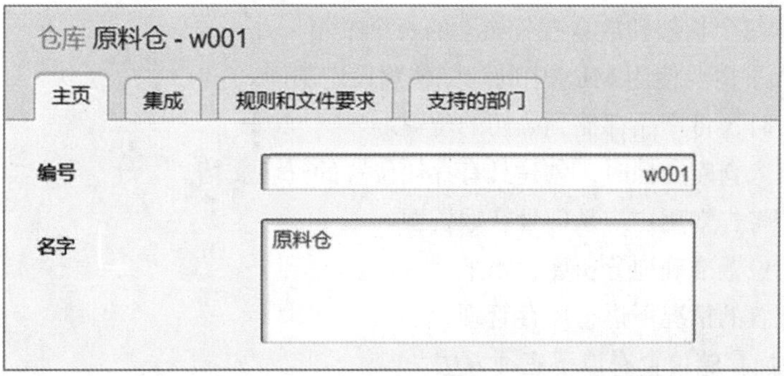

图 5-14　创建所需的仓库

单击“规则和文件要求”选项卡，进入图 5-15 所示的界面并进一步设置仓库属性。

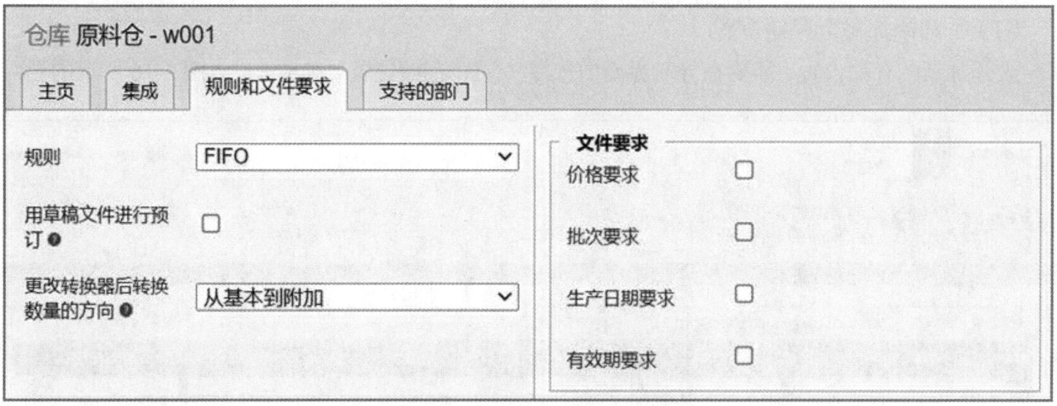

图 5-15　“规则和文件要求”选项卡

“规则和文件要求”选项卡的参数说明如下。

- “规则”设定从仓库中取出产品的方式，该下拉列表包含“FIFO”（先进先出）、“LIFO”（后进先出）、“FEFO”（先过期先出）和“LEFO”（后过期先出）等选项。
- “用草稿文件进行预订”设定是否保留未经确认的库存文件。如果勾选此复选框，则草稿文件的所有项目都将被创建保留并计算可用资源的数量，同时此部分的其他文件将无法下载。
- “更改转换器后转换数量的方向”设定如果系统中保存了同一产品在两个不同单位下的库存，并且转换器要进行从基本单位转换为附加单位或从附加单位转换为基本单位的工作，则此时必须确定转换数量的方向。如果基本单位一种是纸箱，另一种是附加件，那么在选择“从基本到附加”选项时，纸箱的数量不会改变。即如果用户想发行一个纸箱，那么它始终是一个纸箱，无论里面是有 12 个还是有 15 个附加件。但若选择了“从附加到基本”选项，则将固定附加件的数量，并重新计算基本单位中的数量。
- “文件要求”设定要求的文档项目中的属性。例如，如果希望文档中的每个项目都填写有效期，则勾选“有效期要求”复选框。此时文档中如果未填写有效期，则该文档无法保存。

2. 设定仓库存储位置

存储位置是仓库中更准确的位置。在仓库中输入存储位置，用户能更清楚地确定给定产品的

位置，而无须搜索每个货架和放置在货架上的每个纸箱。

用户可以在以下情况使用 MES 中的存储位置设定功能。

- 验收交货时，将产品存储到确切的位置。
- 将产品收入仓库文档时，创建具有存储位置的资源文档。
- 存储文档将告知用户应从何处获取资源。
- 通过存储位置准确地分析库存水平。
- 在考虑位置的情况下进行库存管理。

在 MES 中添加存储位置有以下三种方法。

- 手动添加每个存储位置。
- 利用 MES 内置的生成器添加多个存储位置。
- 导入 Excel 文件来添加多个存储位置。

（1）手动添加每个存储位置

要添加新的存储位置，需要在导航界面中选择“仓库-存储位置”选项，进入图 5-16 所示的界面。

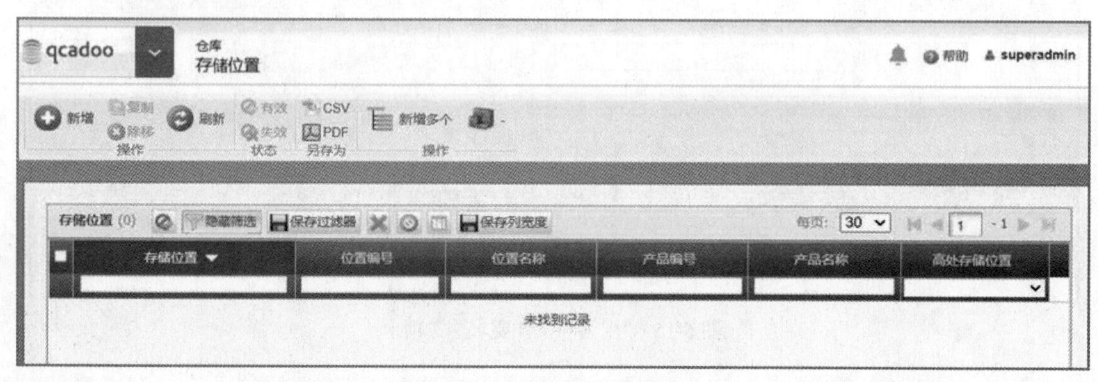

图 5-16　存储位置创建界面

单击“新增”按钮，进入图 5-17 所示的界面，创建存储位置。

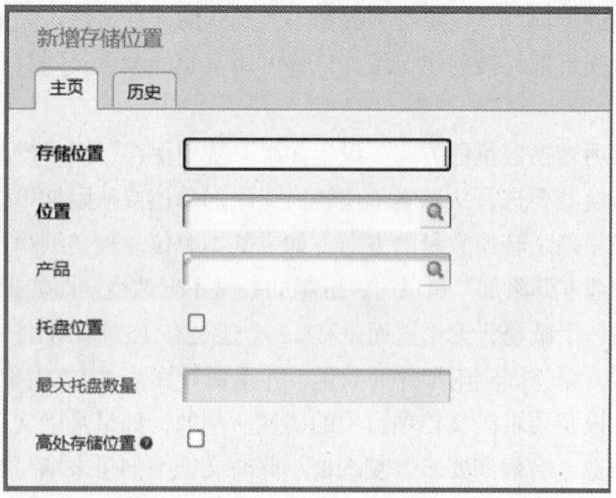

新增存储位置
主页　历史
存储位置
位置
产品
托盘位置
最大托盘数量
高处存储位置

图 5-17　新增存储位置界面

新增存储位置界面中的参数说明如下。

- “存储位置”设定存储位置的编号、代码或符号，允许用户标识存储位置的信息。
- “位置”从可用仓库列表中选择，每个仓库只能设置一次。
- “产品”，如果用户只想在目标存储位置存储某种产品，并且此产品只能放置在那里，则需要设定此字段。若用户不设定此参数，则意味着存储的产品不固定，存储位置可存储任意产品（如果员工看到有空闲空间，他将接收产品并且系统不会反对）。
- “托盘位置”设定是否将托盘放置在给定位置。勾选此复选框，将激活“最大托盘数量”参数，用户可以对该参数设定目标存储位置的托盘数量。物料交货时系统将检查该存储位置是否有人接收托盘。
- “高处存储位置”设定存储位置是否位于高处货架。在托盘结算报告中，托盘进出该位置将得到不同的处理。

（2）利用MES内置的生成器添加多个存储位置

如果用户的存储位置以键命名，则添加存储位置的生成器将有效地帮助用户在 MES 中添加存储位置。生成器通过给定的编号来确定第一个存储位置，然后确定其他位置。

回到存储位置创建界面，单击“新增多个”按钮，可以进入图5-18所示的界面，添加多个存储位置，每个存储位置都有一个固定的前缀和界面中给定的所有参数。

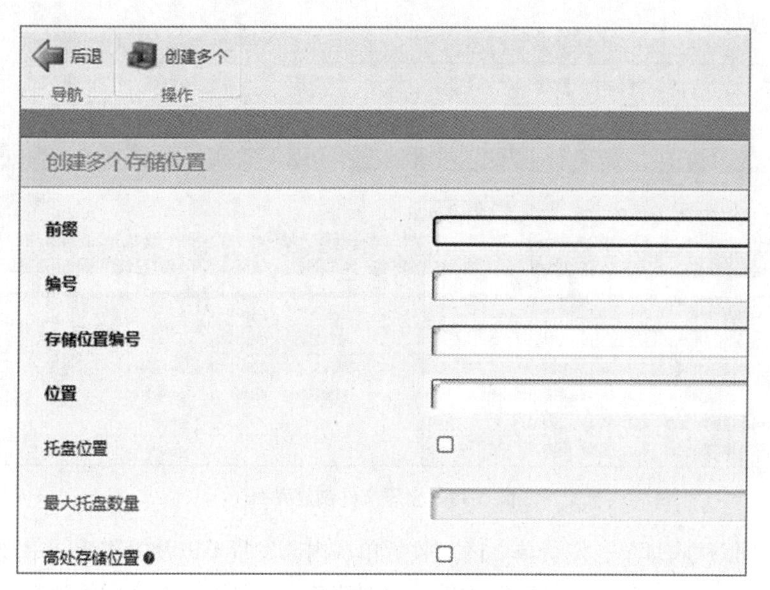

图5-18　创建多个存储位置界面

例如，如果前缀为RegA、数字为08、连续存储位置数量为5、仓库为MS，则生成的存储位置如表5-2所示。

表5-2　存储位置

存放地点	仓库
RegA08	MS
RegA09	MS
RegA10	MS
RegA11	MS
RegA12	MS

该功能可以多次调用，从而在仓库中创建整个存储位置网格。

（3）导入 Excel 文件来添加多个存储位置

如果用户已将产品永久分配到存储位置，则使用导入 Excel 文件（xls 格式）来添加存储位置的方式更合适。该方式的原理如下：系统先从文件中导入第一个存储位置，然后检查 MES 中是否存在该存储位置。如果不存在，则系统将把它们与 Excel 文件中指定的产品放在界面设定的仓库中；如果存在，则系统会自动将产品存储到该存储位置。导入第一个存储位置之后，系统将从 Excel 文件中导入另一个存储位置并重复以上操作。另外，如果在 MES 中找不到 Excel 文件中某一行有关仓库存储站点的数据，则系统将转换此仓库的资源，补充缺少的存储站点。

Excel 文件中必须有以下两列数据。

➢ 存储位置编号。

➢ 产品编号。

3. 管理仓库文件

仓库文件用于记录库存的移动。仓库文件中记录了仓库的库存，创建或分配了资源。

要添加仓库文件，需要先在导航界面中选择“仓库-文件”选项，进入图 5-19 所示的仓库文件创建界面。当批准项目中创建生产订单或采购订单之后，系统将自动生成对应的收货单、内部发货单或内部收货单。

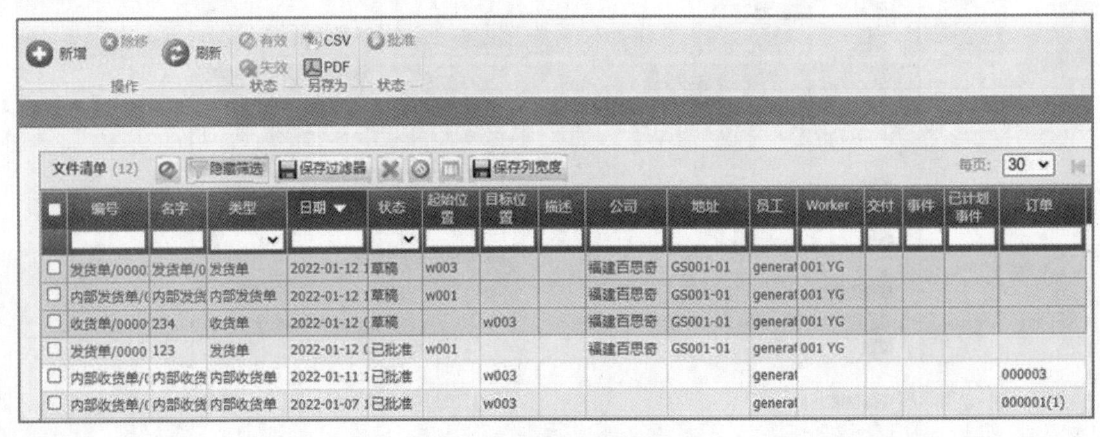

编号	名字	类型	日期	状态	起始位置	目标位置	描述	公司	地址	员工	Worker	交付	事件	已计划事件	订单
发货单/0000	发货单/0	发货单	2022-01-12 1	草稿	w003			福建百思奇	GS001-01	generat	001 YG				
内部发货单/(	内部发货	内部发货单	2022-01-12 1	草稿	w001			福建百思奇	GS001-01	generat	001 YG				
收货单/0000	234	收货单	2022-01-12 (	草稿		w003		福建百思奇	GS001-01	generat	001 YG				
发货单/0000	123	发货单	2022-01-12 (	已批准	w001			福建百思奇	GS001-01	generat	001 YG				
内部收货单/(	内部收货	内部收货单	2022-01-11 1	已批准		w003				generat					000003
内部收货单/(	内部收货	内部收货单	2022-01-07 1	已批准		w003				generat					000001(1)

图 5-19　仓库文件创建界面

文件类型可以从收货单、发货单、内部收货单、内部发货单以及内部流转中选择。收货单和发货单分别指的是外部收货单和外部发货单，内部流转指的是不同仓库间的物料运输。通过选择文件的类型，可以指定将物料存入哪个仓库或从哪个仓库取出，同时还可以指定供应商及其地址，或在“描述”列进行说明。

当完成任务 4.1 中采购订单或任务 3.1 中生产订单的创建后，系统将自动生成收货单或内部收货单并批准，在图 5-20 所示的收货单/00006 的“交付”列可以看见该订单是系统批准了采购订单“CGDD002”之后自动生成的。

编号	名字	类型	日期	状态	起始位置	目标位置	描述	公司	地址	员工	Wor...	交付	事件	已计划事件	订单
6															
收货单/00006	收货单/	收货单	2021-0	已批准		w001		供应商		genera		CGDD002			

图 5-20　收货单/00006

在编号列中，单击“收货单/00006”，进入图 5-21 所示的界面，发现“目标位置”“公司”等参数已自动填充，与采购订单 002 相关联。切换图 5-22 所示的“位置”选项卡，用户可以查询该文件目标产品的相关数据。

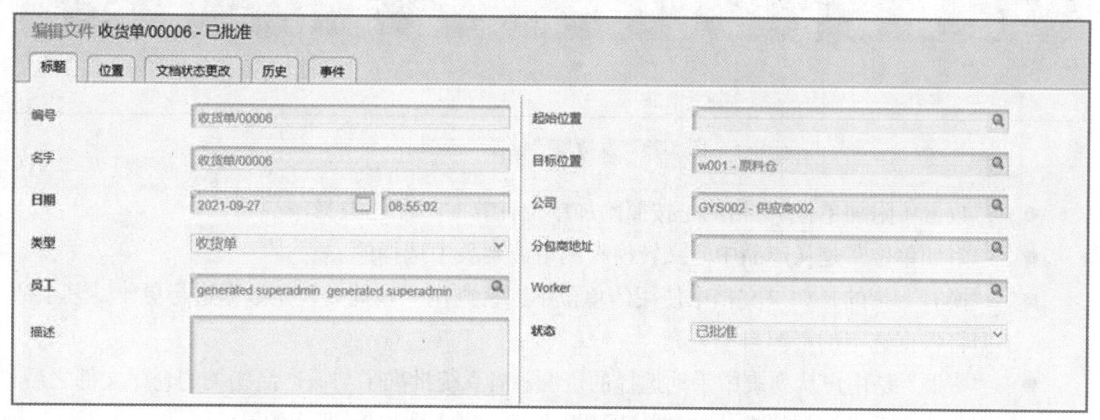

图 5-21　收货单界面

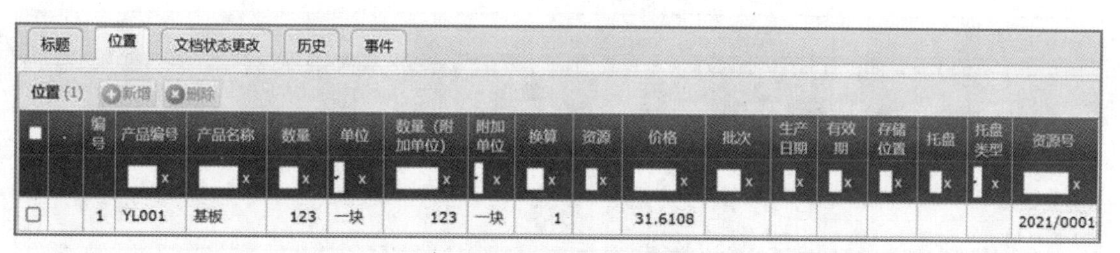

图 5-22　收货单“位置”选项卡

收货单“位置”选项卡的部分参数说明如下。

- “产品名称”为采购订单 002 的目标产品。
- “数量”为按照基本单位计算出的数量，与采购订单的产品数量一致。
- “单位”指的是基本单位，也就是在产品创建界面中定义的单位。
- “数量（附加单位）”指的是如果产品具有特定的附加单位，则系统将自动填充此列，并且无法更改。
- “换算”指的是如果基本单位和接收到的文档的单位相同，则“换算”为 1；如果与接收到的文档的单位不同，则“换算”将根据产品的定义自动填充。例如，假设基本单位是纸箱，而接收到的文档的单位是艺术品，且一个纸箱中有 10 件艺术品，则“换算”为 10。
- “批次”为产品的批号。
- “资源号”将由系统自动生成。

用户创建发货单时，可以设定图 5-23 所示的属性。

发货单“位置”选项卡的部分参数说明如下。

- “产品名称”从列表中选择，基于产品和仓库，系统将追踪可以使用的资源。
- “数量”为按照基本单位计算出的数量。此处要注意数量须限定在仓库已有数量之内，可在导航界面中选择“仓库-库存”选项以查询相关数量。

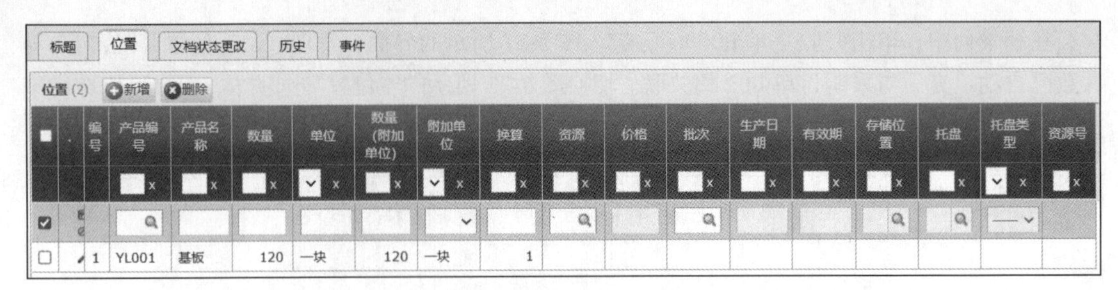

标题 | 位置 | 文档状态更改 | 历史 | 事件

位置 (2) 新增 删除

编号	产品编号	产品名称	数量	单位	数量(附加单位)	附加单位	换算	资源	价格	批次	生产日期	有效期	存储位置	托盘	托盘类型	资源号
1	YL001	基板	120	一块	120	一块	1									

图 5-23　发货单“位置”选项卡

- “数量（附加单位）”指的是按照附加单位计算时产品的数量。
- “附加单位”是从产品中定义转换率的单位列表中选择的。
- “换算”指的是如果文档中使用的单位不同，则用户在此处设定数据进行更改，其余数据将根据选定的资源自动补充。
- “资源”是用户从列表中手动选择的资源。当系统批准了与该产品相关的仓库文件之后，用户可以单击资源栏右边的“放大镜”图标，进入图 5-24 所示的界面。

资源 (4)　取消

编号	数量	单位	数量（附加单位）	附加单位	批次	已接收数量	可用数量	有效期	存储位置	托盘	附加代码	半成品	最后资源
2021/0001	100	一块	100	一块		0	100					否	是
2021/0001	120	一块	120	一块		0	120					否	是
2022/0000	100	一块	100	一块		0	100					否	是
2022/0000	60	一块	60	一块		0	60					否	是

图 5-24　资源列表

在资源列表中选择合适的资源时，要注意该资源的数量应大于发货单中设定的产品数量。选择完毕之后，还可单击上方的“检查资源库存”按钮，检查资源库存是否充足。

- “价格”在此处用于指定销售价格。

4. 监控库存

在导航界面中选择“仓库-库存”选项，如图 5-25 所示。

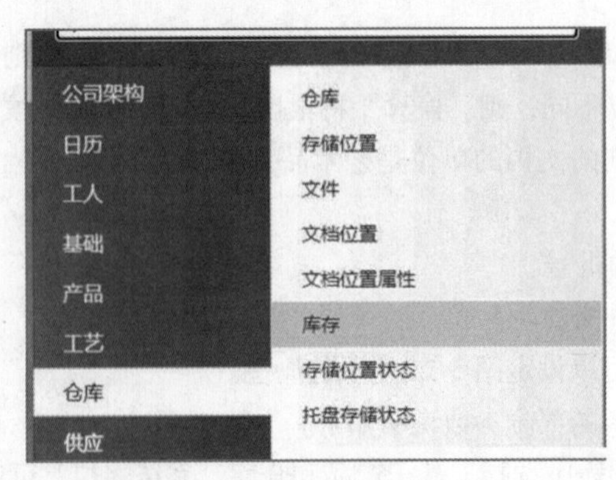

图 5-25　选择“仓库-库存”选项

进入图 5-26 所示的库存界面，系统会自动监控产品的库存情况，用户可以在该界面快速查询每个仓库的产品库存情况。

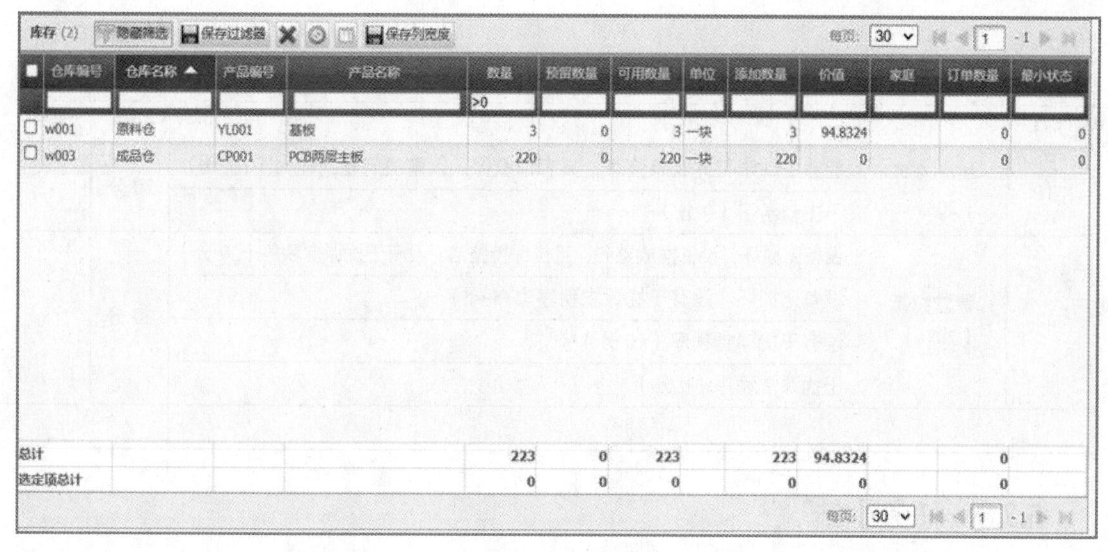

图 5-26　库存界面

5.2.5　任务检查与评价

任务实施完成后，进行任务检查与评价，检查评价单如表 5-3 所示。

表 5-3　检查评价单

项目名称	扮演仓库管理员角色			
任务名称	仓库管理			
评价方式	可采用自评、互评、老师评价等方式			
说　明	主要评价学生在任务 5.2 中的学习态度、课堂表现、学习能力等			
评价内容与评价标准				
序号	评价内容	评价标准	分值	得分
1	知识运用（20%）	掌握相关理论知识，理解本次任务要求，制订了详细计划，且计划条理清晰、逻辑正确（20 分）	20 分	
		理解相关理论知识，能根据本次任务要求制订合理计划（15 分）		
		了解相关理论知识，制订了计划（10 分）		
		没有制订计划（0 分）		
2	专业技能（40%）	能够快速在 MES 中对物料的库存进行管理和监控，实验结果准确（40 分）	40 分	
		能够在 MES 中对物料的库存进行管理和监控，实验结果准确（30 分）		
		能够在 MES 中对物料的库存进行管理和监控，但需要帮助，实验结果准确（20 分）		
		没有完成任务（0 分）		
3	核心素养（20%）	具有良好的自主学习能力、分析并解决问题的能力，整个任务过程中有指导他人（20 分）	20 分	
		具有较好的学习能力、分析并解决问题的能力，整个任务过程中没有指导他人（15 分）		

续表

评价内容与评价标准				
序号	评价内容	评价标准	分值	得分
3	核心素养（20%）	能够主动学习并收集信息，具有请教他人以解决问题的能力（10 分）	20 分	
		不主动学习（0 分）		
4	课堂纪律（20%）	设备无损坏、设备摆放整齐、工位保持整洁、没有干扰课堂秩序（20 分）	20 分	
		设备无损坏、没有干扰课堂秩序（15 分）		
		没有干扰课堂秩序（10 分）		
		干扰课堂秩序（0 分）		
总得分				

5.2.6 任务小结

本任务通过使用 MES 创建仓库，帮助读者学会设定仓库存储位置、进行仓库文件管理、监控库存，掌握 MES 中的仓库管理功能。任务 5.2 思维框架如图 5-27 所示。

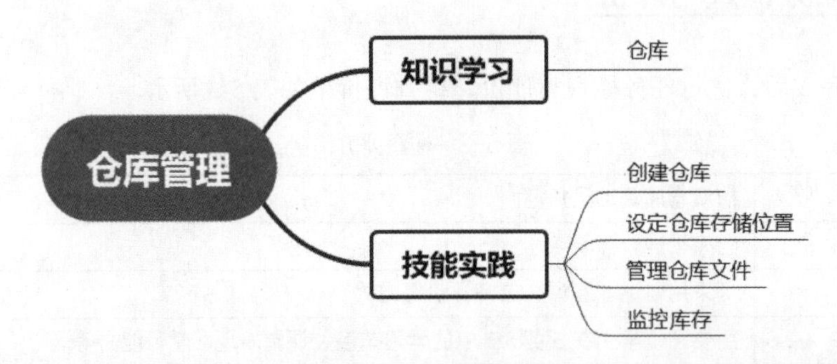

图 5-27 任务 5.2 思维框架

思考与练习

① 在 MES 中设定新的托盘编号，并将产品放入托盘。

② 简述仓库管理的流程。

项目描述

系统运维管理员在企业中主要负责MES日常运维管理、新插件的开发等。MES日常运行中，当系统出现Bug或者业务部门提出新的功能需求时，需要系统运维管理员针对新功能开发插件。本项目要求学生扮演系统运维管理员的角色，通过对MES进行部署及开发设备管理插件，掌握MES的部署方法。

任务6.1 MES的部署

6.1.1 职业能力目标

- 能通过配置JDK开发环境和Maven开发环境，为MES的部署做准备。能安装Git，注册GitHub账号并获取开源代码，在此基础上安装PostgreSQL数据库并编译调试，完成MES的本地化安装与部署。

6.1.2 任务要求

- 掌握JDK开发环境的配置以及Maven开发环境的配置方法。
- 掌握Git的安装方法，注册GitHub账号并从GitHub获取MES开源代码的方法。
- 掌握PostgreSQL数据库的安装方法。

6.1.3 知识链接

1. JDK与Maven

JDK是Java开发工具包（Java Development Kit）的缩写。它是一种用于构建在Java平台上发布的应用程序、applet 和组件的开发环境。

Maven 是一种项目管理工具，可以通过一段描述信息来管理项目的构建。它包含一个项目对象模型、一组标准集合、一个项目生命周期、一个依赖管理系统和用来运行定义在生命周期阶段中插件目标的逻辑。

2. Git

Git 是一个开源的分布式版本控制系统，用它可以有效、高速地管理从很小到非常大的项目版本。从 Git clone 中复制一个项目的 Git 仓库到本地，使用者能够在本地查看该项目并进行修改。

复制项目的命令格式为：git clone [url]。

先清除旧的 JAR 包，再编译生成新的 JAR 包的命令格式为：mvn clean install。

3. PostgreSQL

PostgreSQL 是一个功能非常强大的、源代码开放的客户机/服务器关系型数据库管理系统（Relational Database Management System，RDBMS）。PostgreSQL 的最初设想源于 1986 年，当时被叫作 Berkley Postgres Project，该项目一直处于演进和修改状态，直到 1994 年，开发人员 Andrew Yu 和 Jolly Chen 在 Postgres 中添加了一个结构化查询语言（Structured Query Language，SQL）翻译程序，该版本叫作 Postgres95，在开放源代码社区发放。

6.1.4 任务实施

1. 配置开发环境

先在计算机 D 盘的根目录下新建 qcadoo 文件夹，然后下载免安装版的 jdk1.8，并把它放在 qcadoo 文件夹中。如果计算机中已有 jdk 及其环境变量，则可以跳过此步骤。

使用快捷键“Win+R”打开系统运行窗口，在窗口内输入“sysdm.cpl”并单击“确定”按钮，进入“系统属性”界面。在“系统属性”界面中，进入“高级”选项卡，单击“环境变量”按钮，进入“环境变量”界面。在“环境变量”界面的“系统变量”栏单击“新建”按钮，进入“新建系统变量”界面。

在“新建系统变量”界面中，新建“变量名”为“JAVA_HOME”的系统变量，将“变量值”设为“D:\qcadoo\jdk”，如图 6-1 所示。

图 6-1 新建“JAVA_HOME”变量

编辑名为“Path”的环境变量，新建“%JAVA_HOME%\bin”变量，如图 6-2 所示。

下载免安装版的 Maven，并把它放在 qcadoo 文件夹中。如果计算机中已有 Maven 及其环境变量，则可以跳过此步骤。同样，新建“变量名”为“M2_HOME”的系统变量，将“变量值”设为“D:\qcadoo\maven”，如图 6-3 所示。

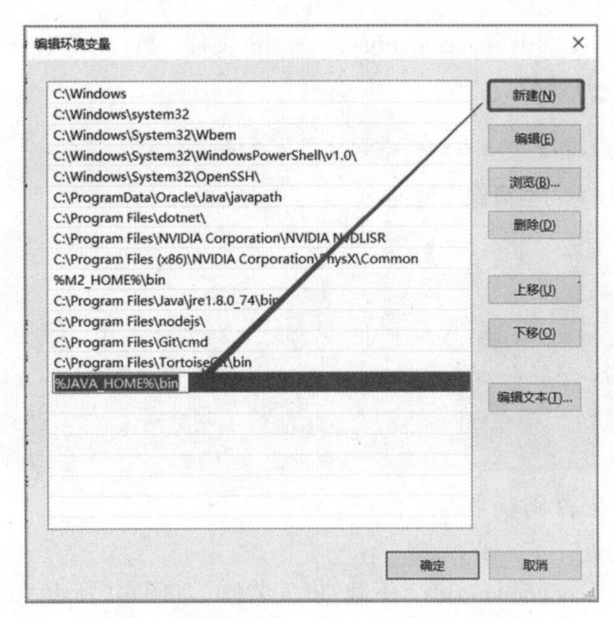

图 6-2　新建“%JAVA_HOME%\bin”变量

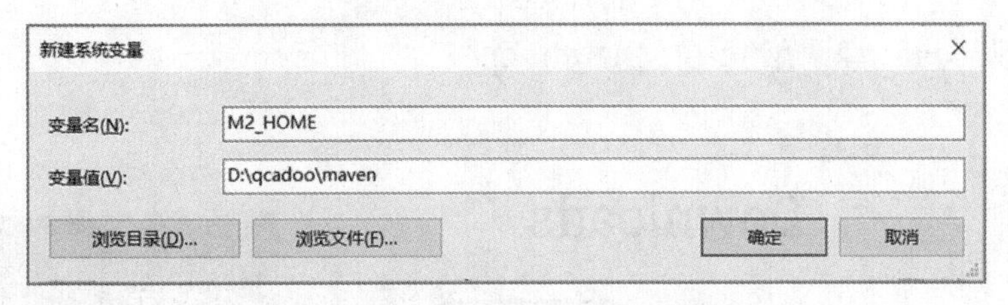

图 6-3　新建“M2_HOME”变量

编辑名为“Path”的环境变量，新建“%M2_ HOME%\bin”变量，如图 6-4 所示。这里要注意，所有对系统环境变量的设置都需要重启系统才能生效。

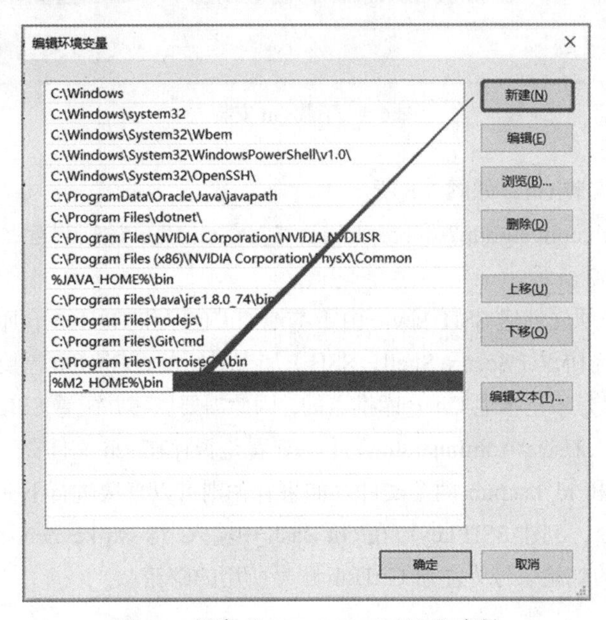

图 6-4　新建“%M2_HOME%\bin”变量

在 qcadoo 文件夹中，打开 maven\conf\settings.xml 文件，执行以下操作。

修改或添加本地仓库路径。

```
<localRepository>D:\qcadoo\ maven\repo</localRepository>
```

将镜像库地址修改为阿里镜像库地址。

```
<mirror>
<id>alimaven</id>
  <name>aliyun maven</name>
  <url>http://maven.aliyun.com/nexus/content/groups/public/</url>
  <mirrorOf>central</mirrorOf>
</mirror>
```

2. Git 的安装及源码获取

（1）Git 的安装配置

访问 https://git-scm.com/downloads，下载 Git 安装包，如图 6-5 所示。

图 6-5　下载 Git 安装包

按默认设置直接安装 Git，如图 6-6 所示。

访问 https://github.com/signup?source=login，进入 GitHub 注册界面，注册 GitHub 账号，如图 6-7 所示。

要登录 GitHub 必须先创建 SSH key。由于本地 Git 仓库和 GitHub 仓库之间的传输是通过安全外壳协议（Secure Shell，SSH）加密进行的，GitHub 需要通过 SSH key 识别传输信息是不是本地 Git 仓库推送的，因此需要创建并配置 SSH key。

在用户主目录（C:\Users\Administrator）下，查看是否存在.ssh 文件夹。如果存在，则查看文件夹中有没有 id_rsa 和 id_rsa.pub 两个文件。如果有，则可以直接进行下一步；如果没有，则打开 Git Bash，输入命令，创建 SSH key。在 Git Bash 中输入“$ ssh-keygen -t rsa –C"邮箱账号"”，如图 6-8 所示，这里的邮箱账号为注册 GitHub 账号所用的邮箱。

图 6-6　安装 Git

```
Welcome to GitHub!
Let's begin the adventure

Enter your email
√ newland@newland.com

Create a password
√ •••••••••

Enter a username
√ newland123456

Would you like to receive product updates and announcements via
email?
Type "y" for yes or "n" for no

→ n                                                    Continue
```

图 6-7　注册 GitHub 账号

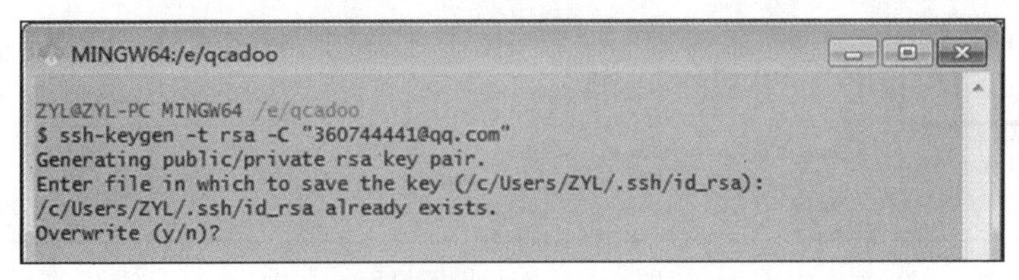

图 6-8　输入注册 GitHub 账号的邮箱

打开浏览器，访问 https://GitHub.com/，单击右上角的用户头像，在打开的下拉列表中选择“Settings”选项，如图 6-9 所示。

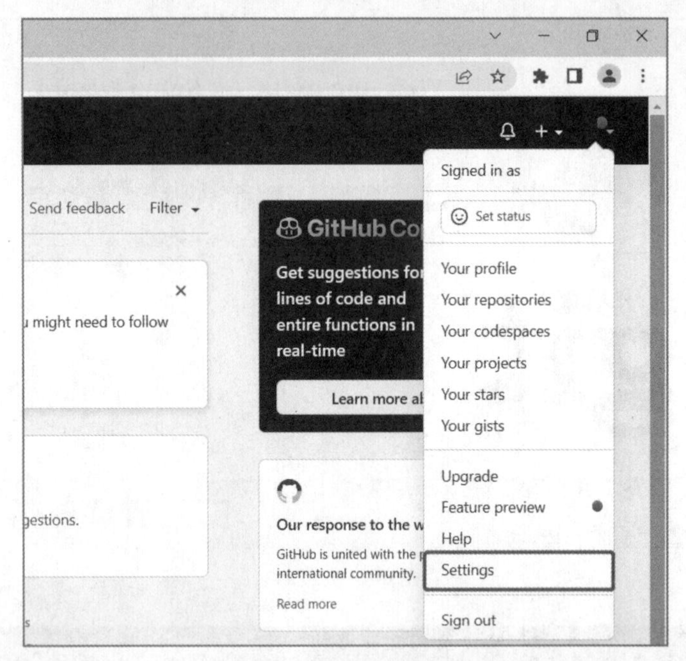

图 6-9　跳转到账号设置界面

进入账号设置界面，在左侧选择“SSH and GPG keys”选项，再单击“New SSH key”按钮，如图 6-10 所示。

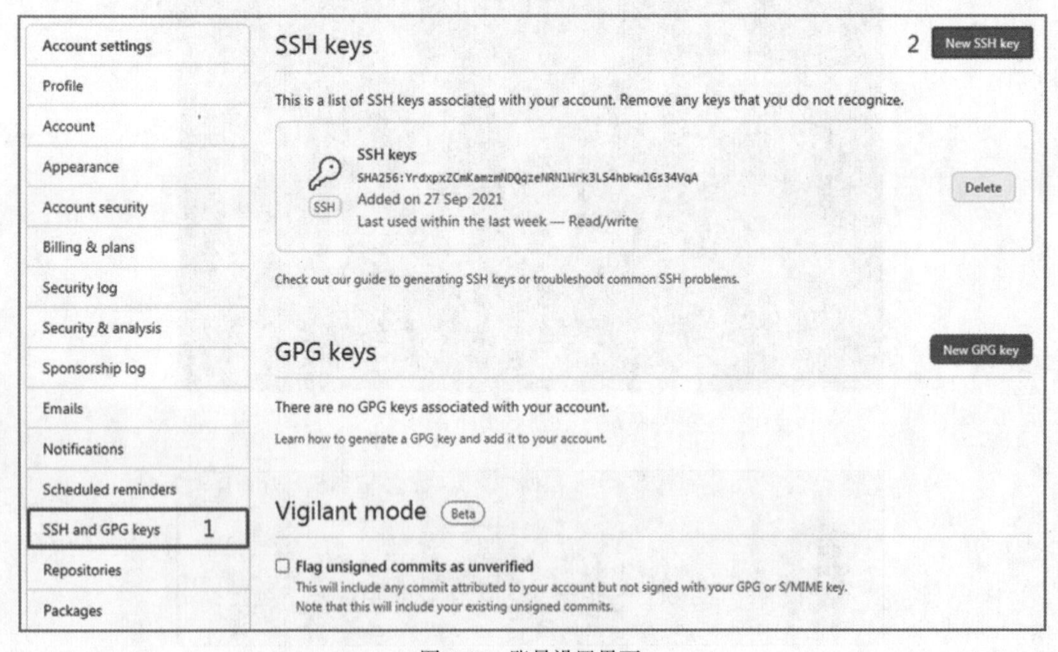

图 6-10　账号设置界面

进入新增 SSH key 界面，设定 Title，在“Key”文本框里粘贴 id_rsa.pub 文件中的全部内容，单击“Add SSH key”按钮，如图 6-11 所示。每台登录 GitHub 账号的计算机都需要一个与之对应的 SSH key。

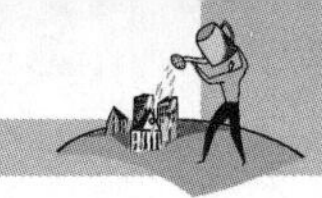

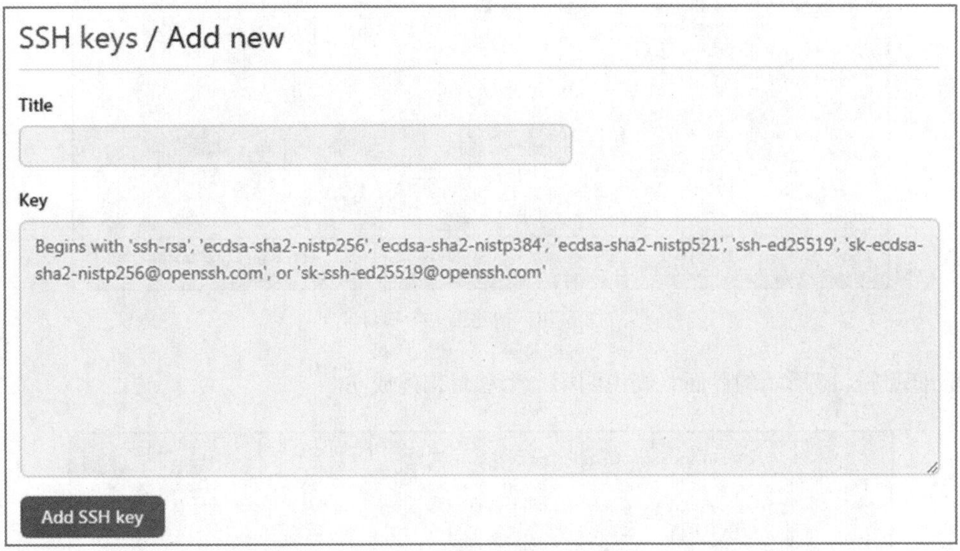

SSH keys / Add new
Title
Key
Begins with 'ssh-rsa', 'ecdsa-sha2-nistp256', 'ecdsa-sha2-nistp384', 'ecdsa-sha2-nistp521', 'ssh-ed25519', 'sk-ecdsa-sha2-nistp256@openssh.com', or 'sk-ssh-ed25519@openssh.com'
Add SSH key

图 6-11　新增 SSH key 界面

在 Git Bash 中输入命令 “$ ssh -T git@github.com”，按 Enter 键确认，如果出现 “Hi + 账号名” 的结果，则说明密钥验证通过，可以进行上传与下载的操作，如图 6-12 所示。

MINGW64:/e/qcadoo
ZYL@ZYL-PC MINGW64 /e/qcadoo
$ ssh -T git@github.com
Hi shmp54! You've successfully authenticated, but GitHub does not provide shell access.

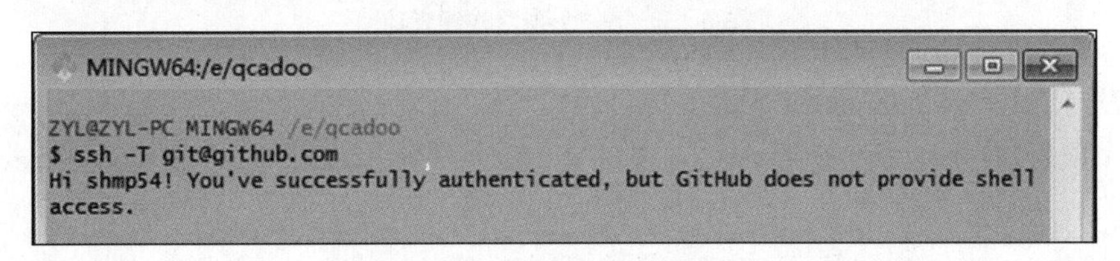

图 6-12　登录 GitHub

（2）项目的拉取与编译

在 qcadoo 文件夹中，通过 Git Bash 使用命令从 GitHub 仓库拉取 MES 的四个项目，分别为 qcadoo-super-pom-open、qcadoo-maven-plugin、qcadoo 和 mes。

① 拉取并编译 qcadoo-super-pom-open 项目。

输入以下命令拉取第一个项目，结果如图 6-13 所示。

```
git clone git@github.com:qcadoo/qcadoo-super-pom-open
```

MINGW64:/e/qcadoo
ZYL@ZYL-PC MINGW64 /e/qcadoo
$ git clone git@github.com:qcadoo/qcadoo-super-pom-open

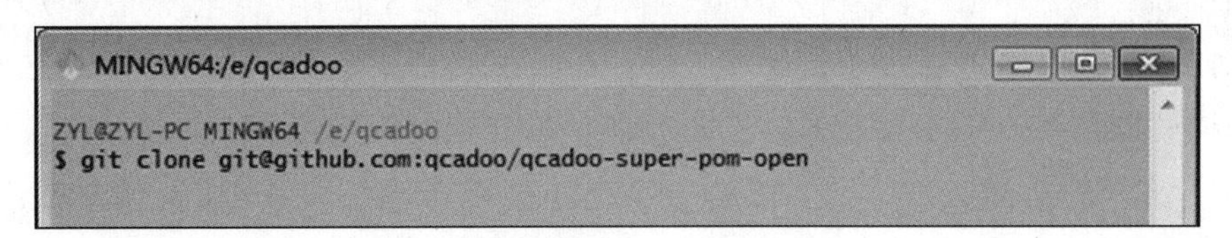

图 6-13　拉取第一个项目

输入以下命令开始构建第一个项目，这个过程需要较长的时间，结果如图 6-14 所示。

```
cd qcadoo-super-pom-open
mvn clean install
```

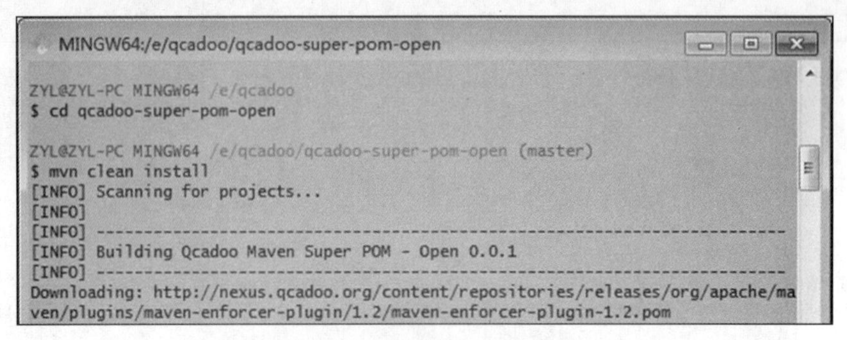

图 6-14　构建第一个项目

若出现图 6-15 所示的界面，则说明第一个项目构建成功。

```
MINGW64:/e/qcadoo/qcadoo-super-pom-open
[INFO] Installing E:\qcadoo\qcadoo-super-pom-open\pom.xml to D:\zw\IOT\apache-maven-3.3.9\repo\com\qcadoo\maven\qcadoo-super-pom\0.0.1\qcadoo-super-pom-0.0.1.pom
[INFO] ------------------------------------------------------------------------
[INFO] BUILD SUCCESS
[INFO] ------------------------------------------------------------------------
[INFO] Total time: 10.452 s
[INFO] Finished at: 2021-09-29T12:40:03+08:00
[INFO] Final Memory: 9M/126M
[INFO] ------------------------------------------------------------------------
```

图 6-15　第一个项目构建成功

② 拉取并编译 qcadoo-maven-plugin 项目。

第一个项目构建成功后，返回 qcadoo 文件夹，输入以下命令，开始拉取 qcadoo-maven-plugin 项目。

```
git clone git@github.com:qcadoo/qcadoo-maven-plugin
cd qcadoo-maven-plugin
mvn clean install
```

③ 拉取并编译 qcadoo 项目。

qcadoo-maven-plugin 项目构建成功后，返回 qcadoo 文件夹，输入以下命令，开始拉取 qcadoo 项目。

```
git clone git@github.com:qcadoo/qcadoo
cd qcadoo
mvn clean install
```

如果项目构建错误，则会停止编译，此时可输入以下命令重新进行编译。

```
mvn clean install -DskipTests=true
```

④ 拉取并编译 mes 项目。

qcadoo 项目构建成功后，返回 qcadoo 文件夹，输入以下命令，开始拉取 mes 项目。

```
git clone git@github.com:qcadoo/mes
cd mes
mvn clean install
```

在拉取 mes 项目时，如果遇到文件名过长无法下载的问题，则可以输入以下命令来解决。

```
git config --global core.longpaths true
```

依次完成四个项目的拉取和构建后，就可以开始创建数据库。

3. 安装数据库及编译项目

（1）安装并启动数据库

下载免安装版的 Postgres95，将其解压到 qcadoo/pgsql 文件夹中，确认其中是否有 data 文件夹。如果没有，就新建一个 data 文件夹。在 pgsql 文件夹中新建一个批处理文件 pgsql_start.bat，输入以下内容，设置环境变量。

```
set PGHOME=%cd%
set PATH=%PGHOME%\bin;%path%
set PGHOST=localhost
set PGLIB=%PGHOME%\lib
set PGDATA=%PGHOME%\data
```

打开 cmd 窗口，输入以下命令，进入 pgsql 文件的目录 D:\qcadoo\pgsql，并运行 pgsql_start.bat 文件，如图 6-16 所示。

```
cd /d D:\qcadoo\pgsql
pgsql_start.bat
```

```
C:\WINDOWS\system32\cmd.exe
C:\Users\Administrator>cd /d D:\qcadoo\pgsql

D:\Qcadoo\pgsql>pgsql_start.bat

D:\Qcadoo\pgsql>set PGHOME=D:\Qcadoo\pgsql

D:\Qcadoo\pgsql>set PATH=D:\Qcadoo\pgsql\bin;C:\Program Files (x86)\Common Files\Siemens\
_V11\WinCC\Bin;C:\Program Files\Common Files\Siemens\Automation\Simatic OAM\bin;C:\Progra
les\Siemens\CommonArchiving;C:\Program Files (x86)\Common Files\Siemens\ACE\Bin;C:\Progra
WINDOWS;C:\WINDOWS\System32\Wbem;C:\WINDOWS\System32\WindowsPowerShell\v1.0\;C:\Users\Adm
Administrator\AppData\Local\Programs\Python\Python38-32\;C:\Users\Administrator\AppData\L
orceControl V7.2;D:\Software\TortoiseSVN\bin;C:\FWebRoot\vlc;C:\FWebRoot\Qt;C:\Program Fi
es (x86)\Microsoft SQL Server\130\Tools\Binn\;C:\Program Files\Microsoft SQL Server\130\T
are\Siemens\TIA\SCADA-RT_V11\WinCC\Interfaces;C:\Program Files (x86)\Common Files\Siemens
es (x86)\Common Files\Siemens\ACE\Interfaces;C:\Program Files (x86)\nodejs\;C:\Program Fi
ources\bin;C:\ProgramData\DockerDesktop\version-bin;C:\Program Files\dotnet\;C:\Program F
\Git\cmd;C:\Users\Administrator\AppData\Local\Microsoft\WindowsApps;C:\Users\Administrato
y;D:\Software\Siemens\Step7\S7bin;D:\Software\Siemens\TIA\SCADA-RT_V11\WinCC\Bin;C:\Progr
es (x86)\Common Files\Siemens\Bin;C:\Program Files (x86)\Common Files\Siemens\CommonArchi
es (x86)\Common Files\Oracle\Java\javapath;C:\WINDOWS\system32;C:\WINDOWS;C:\WINDOWS\Syst
rator\AppData\Local\Programs\Python\Python38-32\Scripts\;C:\Users\Administrator\AppData\L
Microsoft\WindowsApps;C:\FWebRoot\vlc;C:\FWebRoot\Qt;D:\Software\ForceControl V7.2;D:\Sof
icrosoft SQL Server\Client SDK\ODBC\130\Tools\Binn\;C:\Program Files (x86)\Microsoft SQL
Binn\;C:\Program Files\Microsoft SQL Server\130\DTS\Binn\;D:\Software\Siemens\TIA\SCADA-R
Program Files (x86)\Common Files\Siemens\Interfaces;C:\Program Files (x86)\Common Files\S
KWARE\pkzipc;D:\Software\PuTTY\;C:\Program Files\Docker\Docker\resources\bin;C:\ProgramDa
Java\jdk1.8.0_144\bin;D:\Qcadoo\apache-maven-3.8.5\bin;D:\Software\Git\cmd;;D:\Software\M

D:\Qcadoo\pgsql>set PGHOST=localhost

D:\Qcadoo\pgsql>set PGLIB=D:\Qcadoo\pgsql\lib

D:\Qcadoo\pgsql>set PGDATA=D:\Qcadoo\pgsql\data

D:\Qcadoo\pgsql>
```

图 6-16　运行 pgsql_start.bat 文件

在 cmd 窗口中输入以下命令，初始化数据库，如图 6-17 所示。

```
initdb --locale=C
```

```
C:\WINDOWS\system32\cmd.exe
D:\Qcadoo\pgsql>initdb --locale=C
属于此数据库系统的文件宿主为用户 "QQ".
此用户也必须为服务器进程的宿主.
数据库簇将使用本地化语言 "C"进行初始化.
默认的数据库编码已经相应的设置为 "SQL_ASCII".
缺省的文本搜索配置将会被设置到"english"

禁止为数据页生成校验和.

修复已存在目录 D:/Qcadoo/pgsql/data 的权限 ... 成功
正在创建子目录 ... 成功
选择默认最大联接数 (max_connections) ... 100
选择默认共享缓冲区大小 (shared_buffers) ... 128MB
selecting default timezone ... Asia/Hong_Kong
选择动态共享内存实现 ......windows
创建配置文件 ... 成功
在 D:/Qcadoo/pgsql/data/base/1 中创建 template1 数据库 ... 成功
初始化 pg_authid ...  成功
初始化dependencies ... 成功
创建系统视图 ... 成功
正在加载系统对象描述 ...成功
创建(字符集)校对规则 ... 在此平台上不支持
创建字符集转换 ... 成功
正在创建字典 ... 成功
对内建对象设置权限 ... 成功
创建信息模式 ... 成功
正在装载PL/pgSQL服务器端编程语言...成功
清理数据库 template1 ... 成功
拷贝 template1 到 template0 ... 成功
拷贝 template1 到 template0 ... 成功
同步数据到磁盘...成功

警告:为本地连接启动了 "trust" 认证.
你可以通过编辑 pg_hba.conf 更改或你下次
行 initdb 时使用 -A或者--auth-local和--auth-host选项.

成功。您现在可以用下面的命令开启数据库服务器:

    "pg_ctl" -D "D:\Qcadoo\pgsql\data" -l logfile start
```

图 6-17　初始化数据库

在 cmd 窗口中，输入以下命令，启动数据库，如图 6-18 所示。

```
pg_ctl start
```

```
D:\qcadoo\pgsql>pg_ctl start
正在启动服务器进程

D:\qcadoo\pgsql>LOG:  database system was shut down at 2021-11-10 16:23:19 HKT
LOG:  MultiXact member wraparound protections are now enabled
LOG:  database system is ready to accept connections
LOG:  autovacuum launcher started
```

图 6-18　启动数据库

（2）配置 MES 数据库

配置 MES 数据库时，需执行以下操作。

在 cmd 窗口中输入以下命令，创建一个名为“mes”的数据库。

```
.\bin\createdb -h127.0.0.1 mes
```

创建一个名为“postgres”的用户，默认密码为“postgres123”。

```
.\bin\createuser -h127.0.0.1 postgres
```

把路径 D:\qcadoo\mes\mes-application\target\tomcat-archiver\mes-application\webapps\ROOT\WEB-INF\classes\schema\demo_db_cn.sql 中的初始化.sql 文件 demo_db_cn.sql 复制到 D:/qcadoo 文件夹中。若不存在 tomcat-archiver 目录，则需先进行编译操作。

在 cmd 窗口中输入以下命令，初始化“mes”数据库，其界面如图 6-19 所示。

```
psql -U postgres -h localhost -d mes < D:/qcadoo/demo_db_cn.sql
```

```
D:\qcadoo\pgsql>.\bin\createdb -h127.0.0.1 mes
D:\qcadoo\pgsql>.\bin\createuser -h127.0.0.1 postgres
D:\qcadoo\pgsql>psql -U postgres -h localhost -d mes < D:/qcadoo/demo_db_cn.sql
```

图 6-19　初始化“mes”数据库

（3）编译项目

在 Git Bash 中使用 cd 命令进入 mes/mes-application，输入以下命令并编译，如图 6-20 所示。

```
mvn clean install -Ptomcat -Dprofile=package
```

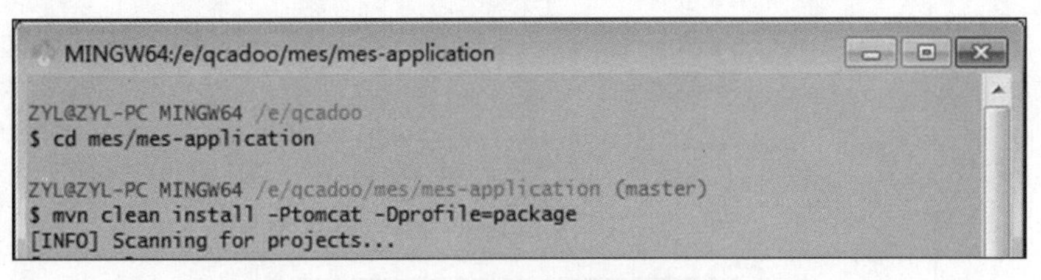

图 6-20　输入命令并编译

编译完成之后，开始启动 MES，在 Git Bash 中从当前目录导航到 mes/mes-application/target/tomcat-archiver/mes-application/中，如图 6-21 所示。

```
cd mes/mes-application/target/tomcat-archiver/mes-application/
```

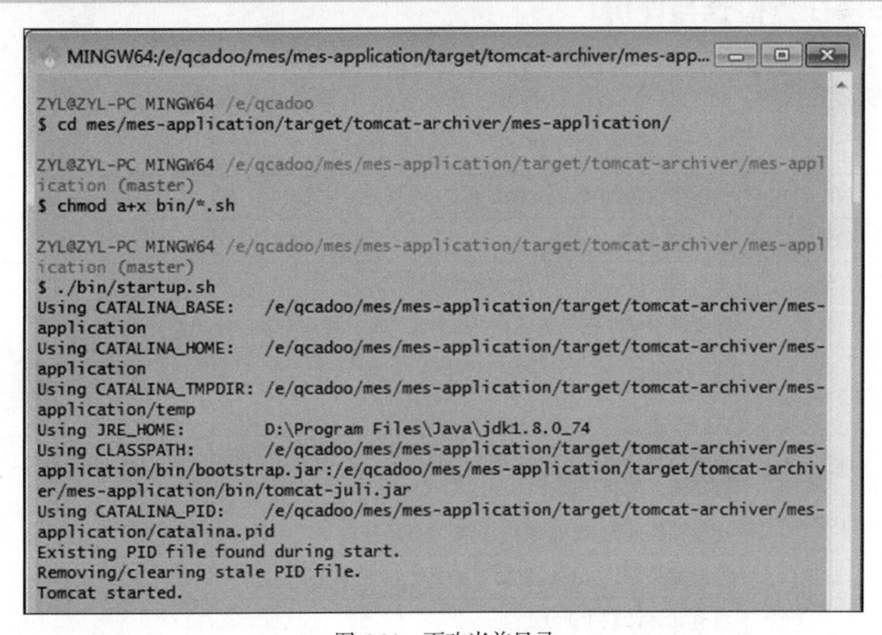

图 6-21　更改当前目录

在 D:\qcadoo\pgsql 目录下的 Git Bash 中输入以下命令，赋予 tomcat 脚本执行权限。

```
chmod a+x bin/*.sh
```

在 Git Bash 中输入以下命令，启动 MES，或直接在 bin 文件夹中双击 startup.bat 文件。

```
./bin/startup.sh
```

打开浏览器，在地址栏中输入网址“http://127.0.0.1:8080/”，按 Enter 键启动 MES，将语言修改为“中文”，输入账号“superadmin”，输入密码“superadmin”，单击“登录”按钮，进入 MES，如图 6-22 所示。

图 6-22　MES 的登录界面

6.1.5　任务检查与评价

任务实施完成后，进行任务检查与评价，检查评价单如表 6-1 所示。

表 6-1　检查评价单

项目名称	扮演系统运维管理员角色			
任务名称	MES 的部署			
评价方式	可采用自评、互评、老师评价等方式			
说　　明	主要评价学生在任务 6.1 中的学习态度、课堂表现、学习能力等			
评价内容与评价标准				
序号	评价内容	评价标准	分值	得分
1	知识运用（20%）	掌握相关理论知识，理解本次任务要求，制订了详细计划，且计划条理清晰、逻辑正确（20 分）	20 分	
		理解相关理论知识，能根据本次任务要求制订合理计划（15 分）		
		了解相关理论知识，制订了计划（10 分）		
		没有制订计划（0 分）		

续表

评价内容与评价标准				
序号	评价内容	评价标准	分值	得分
2	专业技能（40%）	能够快速完成 MES 的部署，实验结果准确（40 分）	40 分	
		能够完成 MES 的部署，实验结果准确（30 分）		
		能够完成 MES 的部署，但需要帮助，实验结果准确（20 分）		
		没有完成任务（0 分）		
3	核心素养（20%）	具有良好的自主学习能力、分析并解决问题的能力，整个任务过程中有指导他人（20 分）	20 分	
		具有较好的学习能力、分析并解决问题的能力，整个任务过程中没有指导他人（15 分）		
		能够主动学习并收集信息，具有请教他人以解决问题的能力（10 分）		
		不主动学习（0 分）		
4	课堂纪律（20%）	设备无损坏、设备摆放整齐、工位保持整洁、没有干扰课堂秩序（20 分）	20 分	
		设备无损坏、没有干扰课堂秩序（15 分）		
		没有干扰课堂秩序（10 分）		
		干扰课堂秩序（0 分）		
总得分				

6.1.6　任务小结

本任务通过使用 Git 拉取项目源码，以及安装并配置数据库，帮助读者了解 MES 的部署与安装方式，掌握 MES 的运行方法。任务 6.1 思维框架如图 6-23 所示。

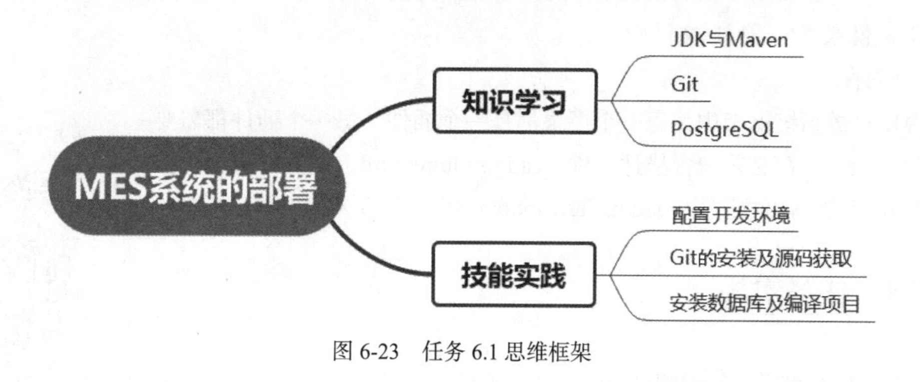

图 6-23　任务 6.1 思维框架

任务 6.2　设备管理插件的开发

6.2.1　职业能力目标

- 根据实际业务需求，掌握 MES 插件的开发与调试。

6.2.2 任务要求

- 根据插件的开发需求，配置 Eclipse 开发环境，新建 Maven 工程。
- 根据插件的开发需求，新建模型、页面视图、插件描述。
- 通过安装和调试，将插件添加到 MES 中。

6.2.3 知识链接

1. Eclipse

Eclipse 是一个开放源代码的、基于 Java 的可扩展开发平台。就其本身而言，它只是一个框架和一组服务，用于通过插件组件构建开发环境。除此之外，Eclipse 还附带了一个标准的插件集，包括 Java 开发工具包。

2. 模型

MES 的系统框架中的模型定义了数据库中表的结构，并将其映射到了键值结构中。此外，它还定义了字段的约束条件和自定义方法（称为 hooks），这些方法与模型的生命周期相关联。

插件使用的所有数据库模型均定义在 src/main/resources/device/model 目录下的 XML 文件中。

3. 页面视图

页面视图用于描述元素及其在窗体上的布局，是视图体系结构的主要组件。从该模型中可以读取组件的初始数据，并且在调用服务器方法时，可以通过用户表单将输入数据传递给模型。

页面视图由容器中的字段集合组成，包括用于呈现和获取数据的输入框、复选框、下拉框、弹窗、列表等，以及用于调用相关动作的按钮。插件使用的所有页面均定义在 src/main/resources/device/view 目录下的 XML 文件中。

4. 插件

在 MES 的系统框架中，每一个模块都是一个插件，每一个插件都需要一个唯一的标识符，都必须包含描述文件 qcadoo-plugin.xml，该文件包含插件的相关信息和结构。插件定义在 src/main/resources 目录下的 XML 文件中。

微课

Eclipse 开发环境的配置

6.2.4 任务实施

1. Eclipse 开发环境的配置

解压 mes.zip 资源包到 D 盘目录中（目录不能有中文），如图 6-24 所示。双击“启动 pgsql 数据库.bat”，启动数据库。双击“启动 mes 开发工具.bat”，启动 Eclipse 开发工具。

在 Eclipse 开发工具中，切换到“Servers”选项卡，用鼠标右键单击“Tomcat v8.0 Server at localhost”，在弹出的快捷菜单中选择“Properties”选项，如图 6-25 所示。

在打开的窗口中，单击“Switch Location”按钮，将服务器位置切换到“/Servers/Tomcat v8.0 Server at localhost.server”，然后单击“Apply and Close”按钮，如图 6-26 所示，完成设置。

电脑 › DATA (D:) › mes

名称	修改日期	类型
eclipse	2021/12/21 10:36	文件夹
jre	2021/12/21 10:36	文件夹
pgsql	2021/12/21 10:37	文件夹
repo	2021/12/21 10:37	文件夹
tomcat	2021/12/21 10:37	文件夹
workspace	2021/12/21 10:38	文件夹
启动mes开发工具.bat	2021/12/21 17:34	Windows 批处理...
启动mes运行平台.bat	2021/12/21 17:18	Windows 批处理...
启动pgsql数据库.bat	2021/9/28 10:35	Windows 批处理...

图 6-24　解压资源包

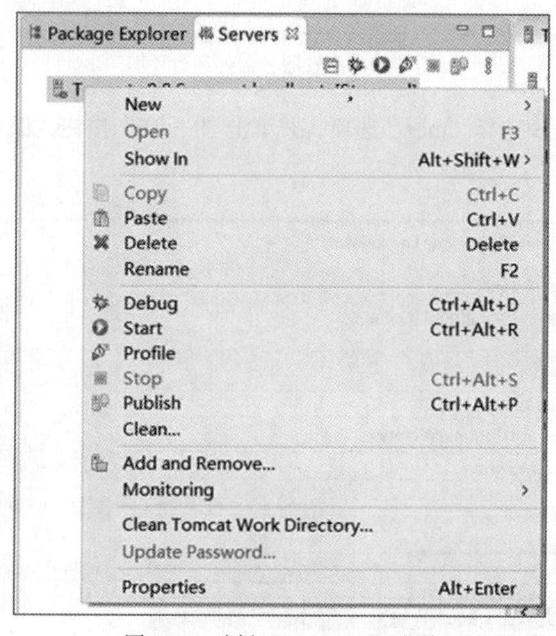

图 6-25　选择“Properties”选项

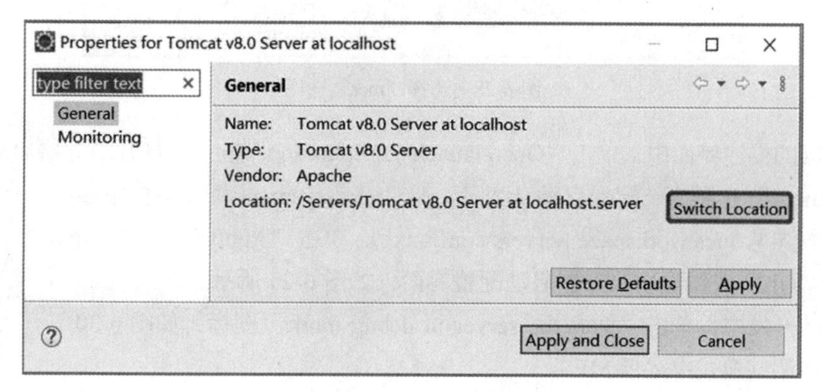

图 6-26　设定服务器位置

双击“Tomcat v8.0 Server at localhost”，进入服务器的概述界面。单击“Runtime Environment”

链接，配置服务器的运行环境，如图 6-27 所示。

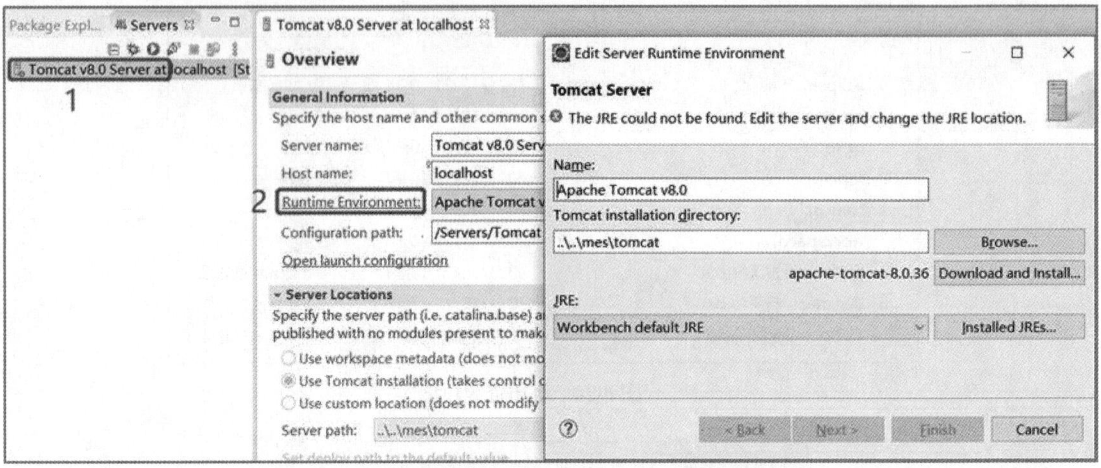

图 6-27　配置服务器的运行环境

在“JRE”下拉列表中选择“mes”选项，并单击“Finish”按钮，保存服务器运行环境配置，如图 6-28 所示。

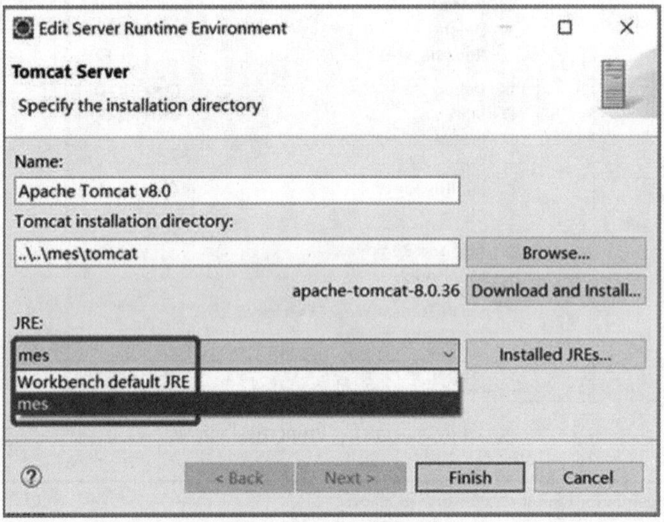

图 6-28　选择“mes”选项

在服务器的概述界面中，单击“Open launch configuration”链接，打开服务器启动配置界面。单击“Arguments”选项卡，配置启动自变量。在“VM arguments”文本框中输入参数（参数详见 mes\workspace\Servers\config.txt），单击“Apply”按钮应用配置，单击“OK”按钮退出服务器启动配置界面，如图 6-29 所示。

在后续的开发中，单击“Start the server in debug mode”图标，如图 6-30 所示，可以在调试模式中运行 MES。

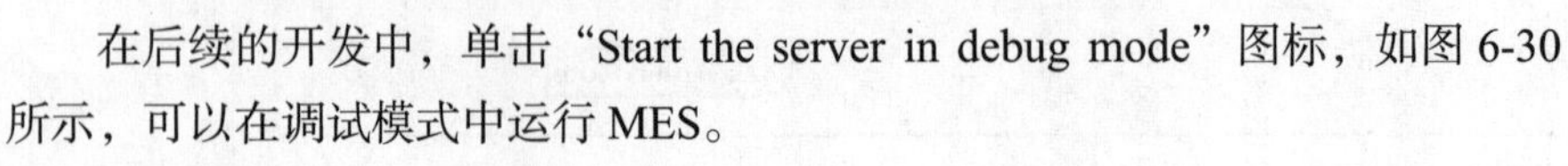

2. 新建 Maven 工程

在 Eclipse 菜单栏中，选择“File-New-Project”选项，新建一个项目，如图 6-31 所示。

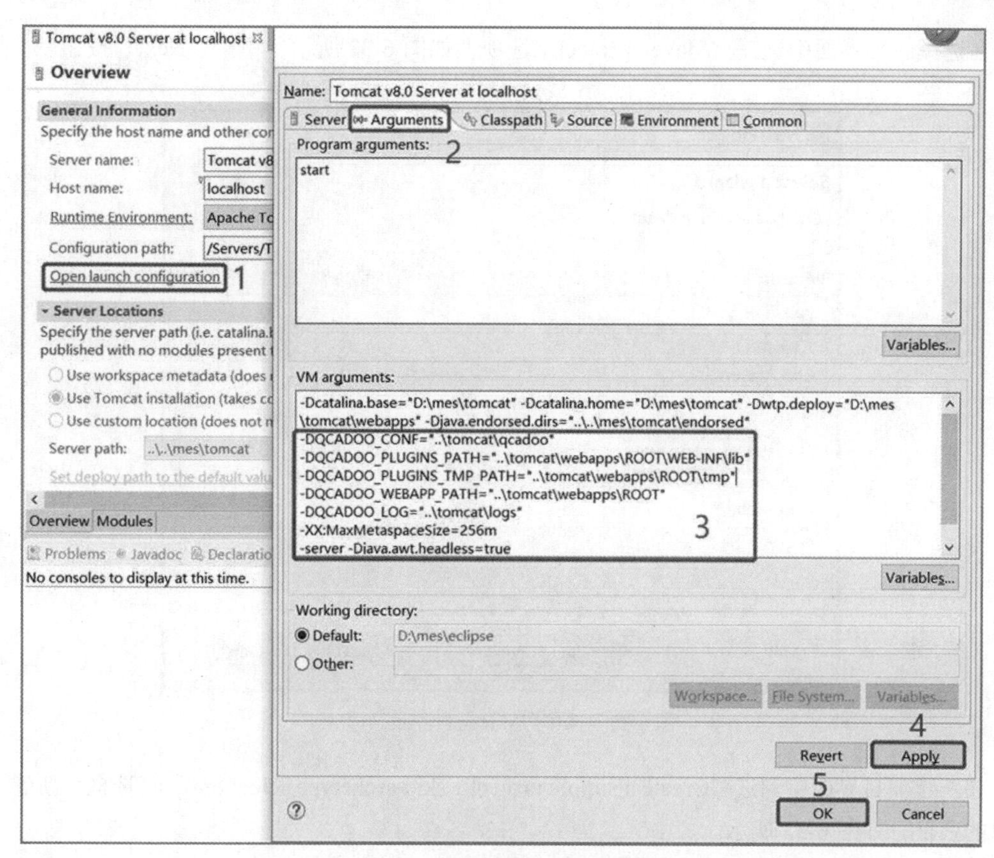

图 6-29　服务器的启动配置

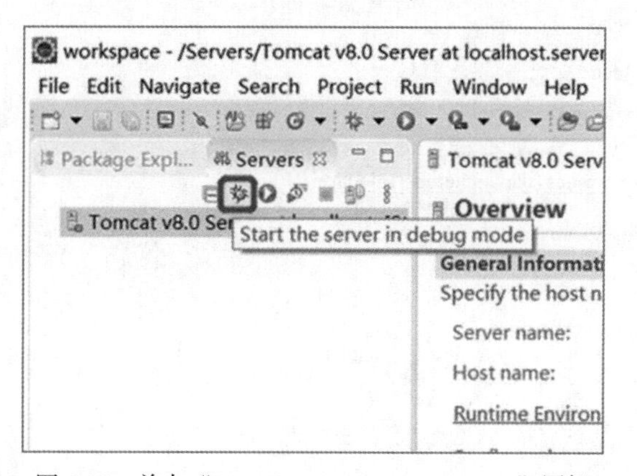

图 6-30　单击“Start the server in debug mode”图标

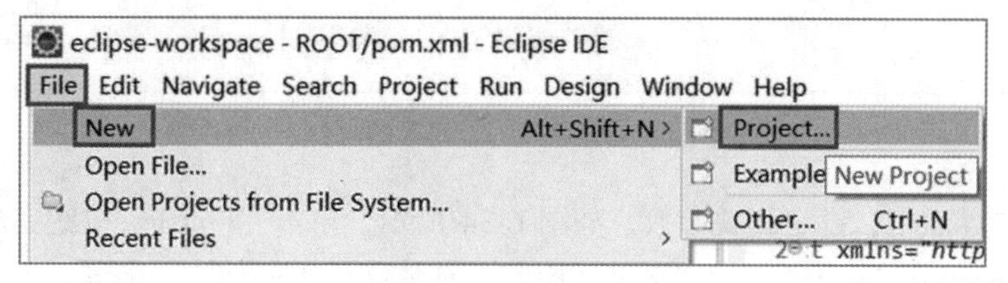

图 6-31　新建项目

在选择向导界面中选择“Maven Project”选项，如图 6-32 所示，单击“Next”按钮。

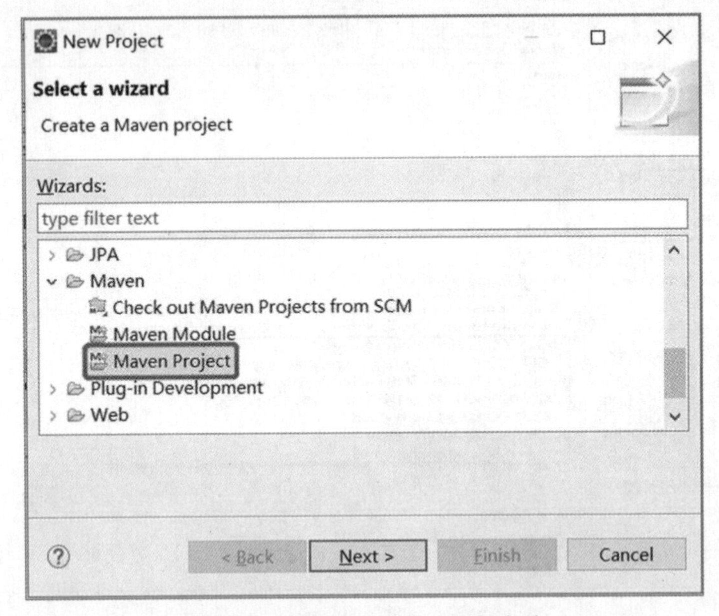

图 6-32　选择“Maven Project”选项

在新建项目界面中勾选“Create a simple project (skip archetype selection)”复选框，新建一个简单的项目，如图 6-33 所示。

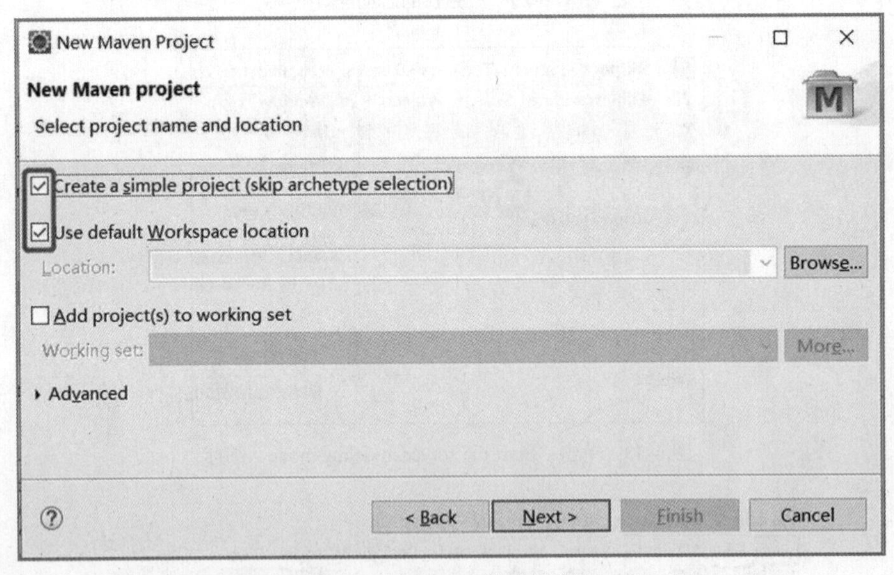

图 6-33　新建一个简单的项目

在项目配置界面中，设定相关参数，如图 6-34 所示，单击“Finish”按钮完成项目的新建。若提示已存在 mes-plugins-device，则在工作空间中把该文件夹删掉。

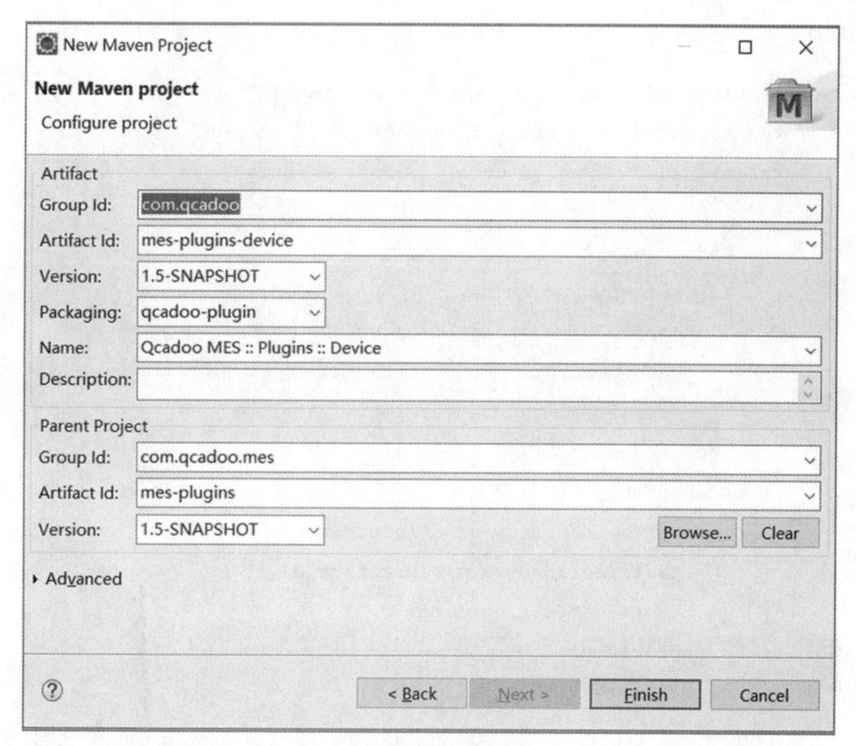

图 6-34　设定相关参数（1）

完成新建项目后的“mes-plugins-device”项目工程树如图 6-35 所示。

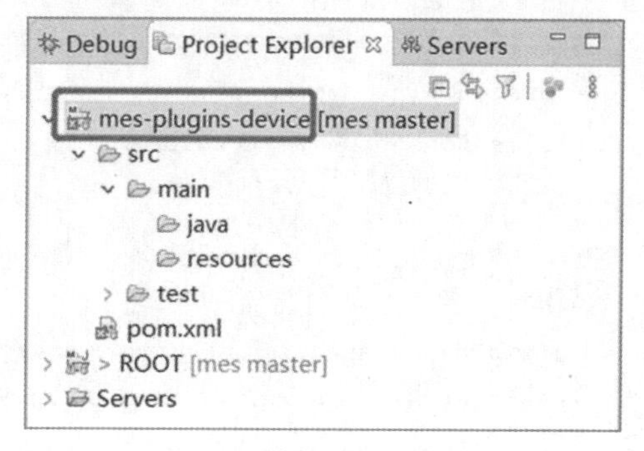

图 6-35　项目工程树

双击打开“pom.xml”文件，编辑以下内容。

```
1.    <project xmlns="http://maven.apache.org/POM/4.0.0"
2.             xmlns:xsi="http://www.w3.org/2001/XMLSchema-instance"
3.             xsi:schemaLocation="http://maven.apache.org/POM/4.0.0
4.             http://maven.apache.org/xsd/maven-4.0.0.xsd">
5.        <modelVersion>4.0.0</modelVersion>
6.        <parent>
7.            <groupId>com.qcadoo.mes</groupId>
8.            <artifactId>mes-plugins</artifactId>
9.            <version>1.5-SNAPSHOT</version>
```

```
10.         </parent>
11.         <artifactId>mes-plugins-device</artifactId>
12.         <packaging>qcadoo-plugin</packaging>
13.         <name>qcadoo MES :: Plugins :: Device</name>
14.
15.         <dependencies>
16.             <dependency>
17.                 <groupId>com.qcadoo</groupId>
18.                 <artifactId>qcadoo-plugins-unit-conversion-management</artifactId>
19.                 <version>${qcadoo.version}</version>
20.             </dependency>
21.             <dependency>
22.                 <groupId>com.opencsv</groupId>
23.                 <artifactId>opencsv</artifactId>
24.                 <version>4.0</version>
25.             </dependency>
26.         </dependencies>
27.         <build>
28.             <plugins>
29.                 <plugin>
30.                     <groupId>com.qcadoo</groupId>
31.                     <artifactId>qcadoo-maven-plugin</artifactId>
32.                     <version>${qcadoo.maven.plugin.version}</version>
33.                     <extensions>true</extensions>
34.                 </plugin>
35.                 <!--zyl-->
36.                 <plugin>
37.                     <groupId>org.apache.maven.plugins</groupId>
38.                     <artifactId>maven-deploy-plugin</artifactId>
39.                     <version>2.8.2</version>
40.                     <configuration>
41.                         <skip>true</skip>
42.                     </configuration>
43.                 </plugin>
44.                 <plugin>
45.                     <groupId>org.apache.maven.plugins</groupId>
46.                     <artifactId>maven-compiler-plugin</artifactId>
47.                     <version>3.1</version>
48.                     <configuration>
49.                         <source>1.8</source>
50.                         <target>1.8</target>
```

```
51.                    </configuration>
52.                </plugin>
53.            </plugins>
54.        </build>
55.    </project>
```

3. 模型的定义

（1）定义基本结构

模型名称必须在插件范围内是唯一的，模型的基本结构包含 fields、hooks、identifier。

```
1.    <model name="sampleModel" auditable="true"
2.        xmlns:xsi="http://www.w3.org/2001/XMLSchema-instance"
3.        xmlns="http://schema.qcadoo.org/model"
4.        xsi:schemaLocation="http://schema.qcadoo.org/model http://schema.qcadoo.
org/model.xsd">
5.        <fields>
6.            // FIELD DEFINITIONS
7.        </fields>
8.        <hooks>
9.            // HOOK DEFINITIONS
10.        </hooks>
11.            // IDENTIFIER
12.    </model>
```

（2）编辑 fields 字段

字段的基本结构如下。

```
1.    <fieldType options>
2.        <validatorType validatorOptions />
3.    </fieldType>
```

其中，fieldType 为字段类型，包括 belongsTo、boolean、date、datetime、decimal、dictionary、enum、hasMany、integer、manyToMany、password、priority、string、text、tree。

validatorType 为验证器类型，包括 validatesLength、validatesRange、validatesUnscaledValue、validatesScale、validatesRegex、validatesWith。

（3）编辑 hooks 字段

创建自定义事件，并将其附加到定义的模型中。

```
<hookType hookOptions />
```

其中 hookType 为 hook 类型，包括 onCopy、onCreate、onDelete、onSave、onUpdate、onView、validatesWith。

（4）编辑 identifier 字段

实体标识符的作用是将模型中定义的实体转换为简单的文本。

```
<identifier expression="#number + ' - ' + #name"/>
```

本任务中，用户定义的 device 数据表（\src\main\resources\device\model\device.xml）如下。

```
1.    <?xml version="1.0" encoding="UTF-8" ?>
2.    <!-- remember that this 'name' attribute determines the name of the
3.    entity,   not the file name
4.    -->
5.    <model name="device"
6.        xmlns:xsi="http://www.w3.org/2001/XMLSchema-instance"
7.        xmlns="http://schema.qcadoo.org/model"
8.        xsi:schemaLocation="http://schema.qcadoo.org/model http://schema.qcadoo.
org/model.xsd">
9.
10.       <fields>
11.           <!-- a number to evidence a certain resource -->
12.           <string name="number" required="true" unique="true" />
13.           <string name="name" required="true">
14.               <validatesLength max="255"/>
15.           </string>
16.           <string name="description">
17.               <validatesLength max="1024"/>
18.           </string>
19.
20.           <belongsTo name="producer" model="company" plugin="basic"/>
21.       </fields>
22.       <hooks>
23.       </hooks>
24.       <identifier expression="#number" />
25.   </model>
```

打开数据库图形化界面（路径为 mes\pgsql\bin\pgAdminⅢ.exe），选择“文件-添加服务器”选项，如图 6-36 所示。

图 6-36　选择“文件-添加服务器”选项

在新建服务器登记界面中设定相关参数，其中密码为“postgres123”，如图 6-37 所示。

用鼠标右键单击“localhost（127.0.0.1:5432）”，在弹出的快捷菜单中选择“连接”选项，连接服务器，如图 6-38 所示。

图 6-37　设定相关参数（2）

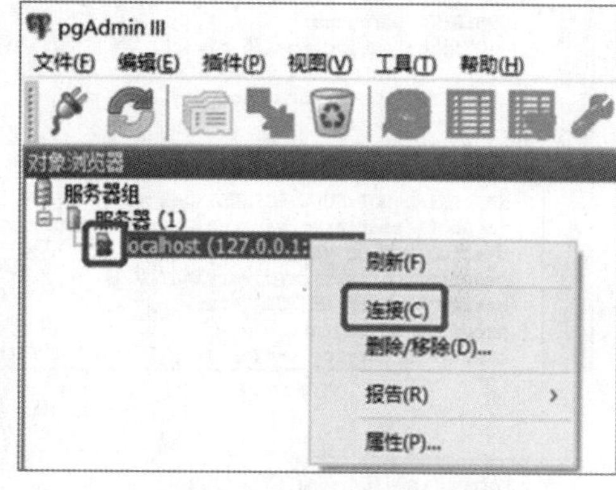

图 6-38　选择“连接”选项

选中“mes”数据库，单击“执行任意的 SQL 查询。”图标，进入 SQL 编辑器界面，如图 6-39 所示。

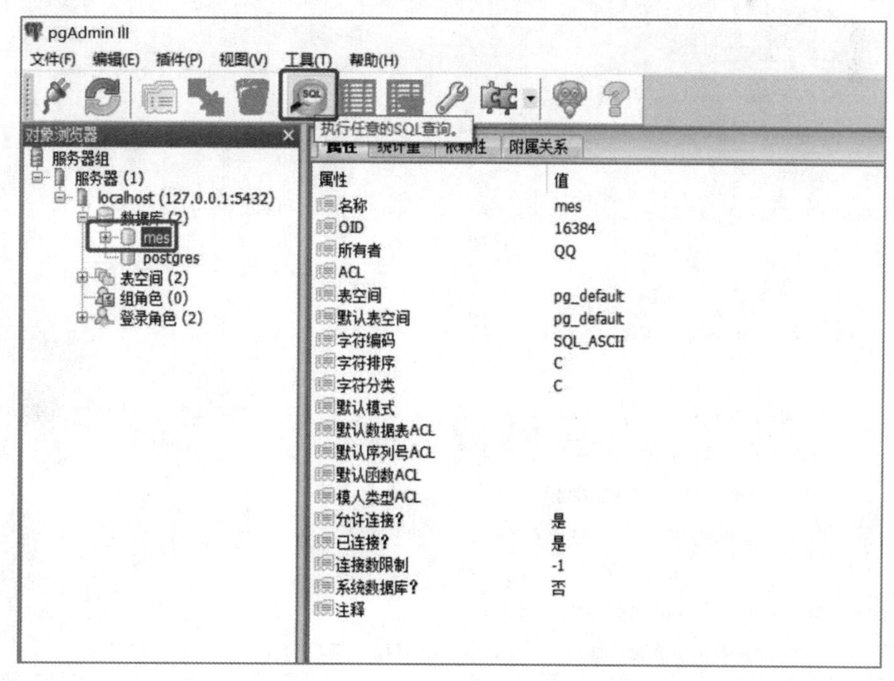

图 6-39　进入 SQL 编辑器界面

在 SQL 编辑器界面中，输入以下内容，单击“pgScript”图标，新建 device 数据表，如图 6-40 所示。

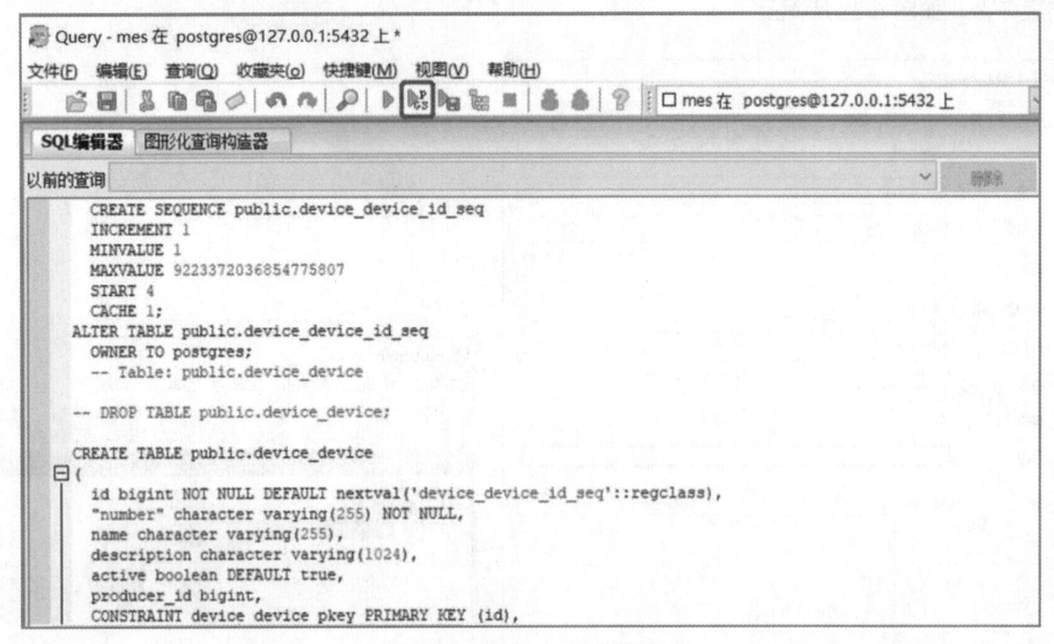

图 6-40　新建 device 数据表

详细的 SQL 语句如下。

```
1.    --新建序列
2.    CREATE SEQUENCE public.device_device_id_seq
3.      INCREMENT 1
4.      MINVALUE 1
5.      MAXVALUE 9223372036854775807
6.      START 3
7.      CACHE 1;
8.    ALTER TABLE public.device_device_id_seq
9.      OWNER TO postgres;
10.    --新建数据表
11.    CREATE TABLE public.device_device
12.    (
13.      id bigint NOT NULL DEFAULT nextval('device_device_id_seq'::regclass),
14.      "number" character varying(255) NOT NULL,
15.      name character varying(255),
16.      description character varying(1024),
17.      producer_id bigint,
18.      active boolean DEFAULT true,
19.      CONSTRAINT device_device_pkey PRIMARY KEY (id),
20.      CONSTRAINT device_company_fkey FOREIGN KEY (producer_id)
```

```
21.         REFERENCES public.basic_company (id) MATCH SIMPLE
22.         ON UPDATE NO ACTION ON DELETE NO ACTION DEFERRABLE INITIALLY IMMEDIATE
23.   )
24.   WITH (
25.     OIDS=FALSE
26.   );
27.   ALTER TABLE public.device_device
28.     OWNER TO postgres;
29.    --新建外键
30.   CREATE INDEX fki_device_company_fkey
31.     ON public.device_device
32.     USING btree
33.     (producer_id);
```

微课

创建页面视图

4. 创建页面视图

（1）设定基本结构

```
1.    <?xml version="1.0" encoding="UTF-8"?>
2.    <view xmlns:xsi="http://www.w3.org/2001/XMLSchema-instance"
3.           xmlns="http://schema.qcadoo.org/view"
4.           xsi:schemaLocation="http://schema.qcadoo.org/view http://schema.qcadoo.
org/view.xsd"
5.        name="name"
6.        modelName="modelName"
7.        modelPlugin="modelPlugin"
8.        menuAccessible="menuAccessible"
9.        defaultAuthorizationRole="ROLE_default"
10.        windowWidth="windowWidth"
11.        windowHeight="windowHeight">
12.           <component type="componentType" name="componentName"
13.           reference="referenceName" basicOptions>
14.               // HERE YOU PUT COMPONENT CONTENT
15.               // HERE YOU PUT ADDITIONAL OPTIONS
16.               // HERE YOU PUT LISTENERS
17.               // HERE YOU PUT SCRIPT
18.           </component>
19.           <hooks>
20.               // HERE YOU PUT HOOKS
21.           </hooks>
22.   </view>
```

- name：页面视图名称（必需）。
- modelName：模型名称（可选，默认为无）。

- modelPlugin：插件名称（可选，默认为当前插件）。
- menuAccessible：设定是否可以从菜单中查看（可选，默认值为“false”）。
- ROLE_default：访问此页面视图所需的默认角色（可选，默认值为“ROLE_USER”）。
- windowWidth：窗口宽度（可选，默认值为“600”）。
- windowHeight：窗口高度（可选，默认值为“400”）。
- componentType：组件类型。
- componentName：组件名称。
- referenceName：组件的参考名称。
- basicOptions：其他的基本组件选项。

（2）定义窗口

① 窗口是基本的根组件。它可以包含所有类型的组件（除了窗口）。窗口在浏览器中显示为白色页面。每个窗口的顶部都有菜单按钮。

a. 基本窗口。

```
1.    <component type="window" name="windowName" reference="windowReferenceName">
2.          <ribbon alignment="alignValue">
3.                // HERE YOU PUT RIBBON GROUP DEFINITIONS
4.          </ribbon>
5.          // HERE YOU PUT WINDOW CONTENT COMPONENTS DEFINITIONS
6.    </component>
```

- windowName：窗口的名称。
- windowReferenceName：窗口的参考名称。

b. Tab 窗口。

Tab 窗口定义：将内容拆分为一个或多个选项卡的窗口。

```
1.    <component type="window" name="windowName" reference="windowReferenceName">
2.          <ribbon alignment="alignValue">
3.                // HERE YOU PUT COMMON RIBBON GROUP DEFINITIONS
4.          </ribbon>
5.          <windowTab name="tabName" reference="tabReferenceName" defaultVisible=
"boolean">
6.                <ribbon>
7.                    // HERE YOU PUT RIBBON GROUP DEFINITIONS FOR THIS TAB
8.                </ribbon>
9.                // HERE YOU PUT TAB CONTENT COMPONENTS DEFINITIONS
10.          </windowTab>
11.          // HERE YOU CAN PUT ANOTHER TAB DEFINITIONS
12.    </component>
```

c. 其他选项。

```
1.    <option type="header" value="false" />
2.    <option type="fixedHeight" value="true" />
```

- header：设定是否显示窗口的页眉，默认值为“true”。
- fixedHeight：设定窗口是否有固定高度，默认值为“false”。

② 菜单栏包含按钮，可在单击时执行操作。

```
1.    <ribbon alignment="alignValue">
2.          // HERE YOU PUT RIBBON GROUP DEFINITIONS
3.    </ribbon>
```

a. 模板定义。

```
<group template="templateName" defaultAuthorizationRole="ROLE_default"/>
```

b. 自定义。

```
1.    <group name="groupName" defaultAuthorizationRole="ROLE_default">
2.          // HERE YOU PUT GROUP ITEM DEFINITIONS
3.         <itemType name="itemName" icon="itemIcon" action="itemAction"
4.          state="initializeState" message="initializeMessage">
5.              // HERE CAN PUT ITEMS OF DROPDOWN MENU
6.         </itemType>
7.    </group>
```

- groupName：分组名称。
- ROLE_default：授权默认角色（可选，默认值为“ROLE_USER”）。
- itemType：按钮类型，包含 bigButton、bigButtons、smallButton、smallButtons、smallEmptySpace。
- itemName：按钮名称。
- itemIcon：按钮图标。
- itemAction：按钮动作。
- initializeState：初始状态（包括“启用”和“禁用”两种状态）。
- initializeMessage：初始信息。

③ 视图组件。

表 6-2 为视图组件常见的基本参数。

表 6-2　视图组件常见的基本参数

参数	值类型	默认值	描述
field	text	none	字段
source	text	none	来源
model	text	none	模型
plugin	text	当前插件	插件
defaultEnabled	true|false|never	true	是否启用
defaultVisible	true|false	true	是否可见
hasLabel	true|false	true	是否有标签
hasDescription	true|false	false	是否有描述

a. 基本组件。表 6-3 为基本组件的相关描述。

表 6-3　基本组件的相关描述

组件	描述
input	允许用户输入文本的一个行组件
textarea	允许用户输入文本的简单多行组件
calendar	允许用户输入或选择日期的组件
checkbox	允许用户输入布尔值的组件
select	允许用户从一组定义的值中选择一个值的组件
password	简单的浏览器“密码”组件
button	简单的按钮组件
label	静态的本地化文本组件
file	允许用户向实体添加文件附件的组件

b. 高级组件：grid。

```
1.    <component type="grid" name="gridName" reference="gridReference">
2.          <option type="column" name="columnName" fields="columnFields"/>
3.          <option type="correspondingView" value="model/viewName" />
4.          <option type="correspondingComponent" value="form" />
5.          <option type="searchable" value="columnName" />
6.          <option type="orderable" value="columnName" />
7.          <option type="fullScreen" value="true" />
8.          <option type="order" column="columnName" direction="asc"/>
9.    </component>
```

- gridName：grid 组件的名称。
- gridReference：grid 组件的参考名称。
- columnName：列名。
- columnFields：字段名称。
- correspondingView：对应的页面视图。
- correspondingComponent：对应的组件。
- searchable：查询列，支持多列。
- orderable：排序列，支持多列。
- fullScreen：全屏。
- order：排序。

c. lookup 组件。

lookup 是允许用户选择相关实体的组件。它以简单的单行输入表示，并带有实体描述。用户可以手动输入实体代码（系统将自动搜索相应的实体并更新此组件），也可以从弹窗中选择实体。

```
1.    <component type="lookup" name="lookupName" field="lookupName" >
2.        <option type="column" name="columnName" fields="columnFields"/>
3.        <option type="searchable" value="columnName"/>
```

```
4.        <option type="orderable" value="columnName"/>
5.        <option type="expression" value="expression"/>
6.        <option type="fieldCode" value="columnName"/>
7.    </component>
```

- lookup Name：对应的字段。
- expression：显示数据。
- field Code：用于搜索实体的字段。

本任务中，用户定义的 devicesList 列表（\src\main\resources\device\view\devicesList.xml）和 deviceDetails 详细页面（\src\main\resources\device\view\deviceDetails.xml）如下。

```
1.    <?xml version="1.0" encoding="UTF-8" ?>
2.    <!-- the 'name' attribute determines the the name of the view,  not
3.     the file name;  the modelName attribute describes on which entities fields
 do we concentrate here;  the menuAccessible attribute indicates that this view will
be available from the main menu
4.    -->
5.    <view name="devicesList" modelName="device" menuAccessible="true"
6.        xmlns:xsi="http://www.w3.org/2001/XMLSchema-instance"
7.        xmlns="http://schema.qcadoo.org/view"
8.        xsi:schemaLocation="http://schema.qcadoo.org/view http://schema.qcadoo.
org/view.xsd">
9.        <!-- a window is always the most outer container for other
10.       components -->
11.       <component type="window" name="window">
12.           <!-- a ribbon is the big horizontal menu at the top -->
13.           <ribbon>
14.               <!-- a group contains several buttons; you can use group
15.                templates to insert buttons which are hooked to default
16.                actions that do simple navigation and CRUD operations
17.               -->
18.               <group template="gridNewCopyAndRemoveAction" />
19.           </ribbon>
20.           <!-- grid = table -->
21.           <component type="grid" name="grid" reference="grid">
22.               <!-- you tell this grid which columns to show using
23.               multiple 'column' options; in each column you can tell
24.               which field to show from the entity pointed out by the
25.               modelName attribute
26.               -->
27.               <option type="column" name="number" fields="number"
28.               link="true" />
```

```
29.                 <option type="column" name="name" fields="name" />
30.                 <option type="column" name="description"
31.                 fields="description" />
32.                 <option type="column" name="producer" fields="producer"
33.                 expression="#producer['name']" link="true"/>
34.                <!-- these options indicate to which view should we jump
35.                 when we click to edit an entity from the table or to add
36.                 a new one; in correspondingView we point out the view
37.                 path:plugin_name/view_name and in the
38.                 correspondingComponent we point out the
39.                 components reference in the view to which we want to bind
40.                 the selected entity
41.                 -->
42.                 <option type="correspondingView"
43.                 value="device/deviceDetails" />
44.                 <option type="correspondingComponent" value="form" />
45.                 <!-- this option points out which columns can be filtered
46.                 -->
47.                 <option type="searchable" value="number, name, description,
48.                 producer" />
49.                 <!-- this option points out which columns change the
50.                 order in the grid
51.                 -->
52.                 <option type="orderable" value="number, name, producer" />
53.                 <option type="fullScreen" value="true" />
54.                 <!-- this option indicates by which column should the
55.                 grid be ordered by default
56.                 -->
57.                 <option type="order" column="number" direction="asc"/>
58.             </component>
59.             <option type="fixedHeight" value="true" />
60.             <option type="header" value="false" />
61.         </component>
62.         <hooks>
63.             <beforeRender class="com.qcadoo.mes.device.DeviceService"
64.             method="setDeviceInitialValue" />
65.         </hooks>
66.     </view>
```

```
1.    <?xml version="1.0" encoding="UTF-8" ?>
2.    <view name="deviceDetails" modelName="device"
```

```
3.        xmlns:xsi="http://www.w3.org/2001/XMLSchema-instance"
4.        xmlns="http://schema.qcadoo.org/view"
5.        xsi:schemaLocation="http://schema.qcadoo.org/view http://schema.qcadoo.
org/view.xsd">
6.        <component type="window" name="window">
7.            <ribbon>
8.                <group template="navigation" />
9.                <!-- the template for form CRUD buttons is a little
10.               different from the list buttons
11.               -->
12.               <group template="formSaveCopyAndRemoveActions" />
13.           </ribbon>
14.           <!-- typical form which holds fields -->
15.           <component type="form" name="form" reference="form">
16.               <component type="gridLayout" name="gridLayout"
17.                columns="3" rows="6">
18.                   <layoutElement column="1" row="1">
19.                       <component type="input" name="number"
20.                       field="number" />
21.                   </layoutElement>
22.                   <layoutElement column="1" row="2" height="2">
23.                       <component type="textarea" name="name"
24.                       field="name" />
25.                   </layoutElement>
26.                   <layoutElement column="1" row="4" height="2">
27.                       <component type="textarea" name="description"
28.                       field="description" />
29.                   </layoutElement>
30.                   <layoutElement column="1" row="6">
31.                       <!-- a lookup field in which you can select the
32.                       entity -->
33.                       <component type="lookup" name="producer"
34.                       field="#{form}.producer" reference="producer">
35.                           <!-- <option type="column" name="number"
36.                           fields="number" link="true" /> -->
37.                           <option type="column" name="name"
38.                           fields="name" link="true"/>
39.                           <option type="searchable"
40.                           value="number, name"/>
41.                           <option type="orderable" value="number"/>
42.                           <option type="expression"
```

```
43.                                value="#number + ' - ' + #name"/>
44.                              <option type="fieldCode" value="number"/>
45.                          </component>
46.                      </layoutElement>
47.                  </component>
48.                  <option type="expression"
49.                  value="#number + ' x ' + #name" />
50.                  <!-- we don't want to show the forms header,  the window
51.                  will already have one -->
52.                  <option type="header" value="false" />
53.              </component>
54.          </component>
55.          <hooks>
56.          </hooks>
57.      </view>
```

微课

本地化部署

5. 本地化部署

按照表 6-4 内容配置 menu。

表 6-4 配置 menu

参数	描述
{plugin}.menu.{category}	菜单目录
{plugin}.menu.{category}.{item}	菜单项

按照表 6-5 内容配置 MODEL。

表 6-5 配置 MODEL

参数	描述
{plugin}.{entity}.{field}.label	字段名称
{plugin}.{entity}.{field}.label.focus	焦点上的标签
{plugin}.{entity}.{field}.value.{optionName}	枚举字段值

按照表 6-6 内容配置 grid。

表 6-6 配置 gird

参数	描述
{plugin}.{view}.{path}.header	页眉
{plugin}.{view}.{path}.column.{column}	列名

按照表 6-7 内容配置 form。

表 6-7 配置 form

参数	描述
{plugin}.{view}.{path}.headerNew	创建时的标头
{plugin}.{view}.{path}.headerEdit	更新时的标题

续表

参数	描述
{plugin}.{view}.{path}.{field}.label	字段标签
{plugin}.{view}.{path}.{field}.label.focus	焦点上的标签
{plugin}.{view}.{path}.{field}.description	字段描述
{plugin}.{view}.{path}.{field}.descriptionHeader	字段描述（标头）
{plugin}.{view}.{path}.confirmDeleteMessage	确认删除消息
{plugin}.{view}.{path}.confirmCancelMessage	确认取消消息
{plugin}.{view}.{path}.saveMessage	保存消息

本任务中，用户定义的 device_cn 属性（\src\main\resources\device\ locales\device_cn.properties）如下。

```
1.    #菜单标签
2.    device.menu.device = 设备
3.    device.menu.device.devices = 设备管理
4.    #字段标签
5.    device.device.producer.label = 制造商
6.    device.device.producer.label.focus = 选择制造商
7.    device.device.name.label = 设备名称
8.    device.device.number.label = 设备编码
9.    device.device.description.label = 描述
10.   device.device.lookupCodeVisible = 编码
11.   #grid 标签
12.   device.devicesList.window.mainTab.grid.header = 设备列表:
13.   device.devicesList.window.mainTab.grid.column.producer = 制造商
14.   #页面标签
15.   device.deviceDetails.window.mainTab.form.headerNew = 新建:
16.   device.deviceDetails.window.mainTab.form.headerEdit = 编辑:
17.   device.deviceDetails.window.mainTab.form.producer.lookup.window.
grid.header = 选择制造商:
```

微课

描述插件

6. 插件描述

（1）定义插件的基本结构

插件描述符必须具有一般结构。

```
1.    <?xml version="1.0" encoding="UTF-8"?>
2.    <plugin plugin="pluginIdentifier" group="pluginGroup" version="pluginVersion"
3.        xmlns=http://schema.qcadoo.org/plugin
4.        xmlns:xsi="http://www.w3.org/2001/XMLSchema-instance"
5.        xsi:schemaLocation="http://schema.qcadoo.org/plugin http://schema.qcadoo.
org/plugin.xsd">
6.        // HERE PUT PLUGIN CONTENT
7.    </plugin>
```

- pluginIdentifier：插件的唯一标识符。
- pluginGroup：插件分组。
- pluginVersion：插件版本。

（2）编写插件信息

插件信息部分包含插件的名称、描述、许可证等信息。

```
1.    <information>
2.        <name>pluginName</name>
3.        <description>pluginDescription</description>
4.        <vendor>
5.            <name>vendorName</name>
6.            <url>vendorUrl</url>
7.        </vendor>
8.        <license>license</license>
9.    </information>
```

- pluginName：插件名称（必需）。
- pluginDescription：插件描述（可选）。
- vendorName：供应商名称。
- vendorUrl：供应商网址。
- license：许可证。

（3）插件的依赖性

插件可能需要配合其他插件才能正常工作。例如，当插件扩展了某些现有模型或视图时，有必要定义其依赖插件。

```
1.    <dependencies>
2.        <dependency>
3.            <plugin>dependencyPluginIdentifier</plugin>
4.            <version>dependencyPluginVersion</version>
5.        </dependency>
6.        // HERE PUT OTHER DEPENDENCIES
7.    </dependencies>
```

- dependencyPluginIdentifier：依赖的插件标识符。
- dependencyPluginVersion：依赖的插件版本。

（4）插件的模块定义

模块定义是插件描述文件中最重要的部分。

```
1.    <modules>
2.        // HERE PUT MODULE DEFINITIONS
3.    </modules>
```

本任务中，用户定义的 qcadoo-plugin 插件（\src\main\resources\qcadoo-plugin.xml）如下。

```
1.  <?xml version="1.0" encoding="UTF-8"?>
2.  <plugin plugin="device" version="1.0.5"
3.      xmlns:xsi="http://www.w3.org/2001/XMLSchema-instance"
4.      xmlns="http://schema.qcadoo.org/plugin"
5.      xmlns:model="http://schema.qcadoo.org/modules/model"
6.      xmlns:view="http://schema.qcadoo.org/modules/view"
7.      xmlns:menu="http://schema.qcadoo.org/modules/menu"
8.      xmlns:localization="http://schema.qcadoo.org/modules/localization"
9.      xsi:schemaLocation="
10.         http://schema.qcadoo.org/plugin
11.         http://schema.qcadoo.org/plugin.xsd
12.         http://schema.qcadoo.org/modules/model
13.         http://schema.qcadoo.org/modules/model.xsd
14.         http://schema.qcadoo.org/modules/view
15.         http://schema.qcadoo.org/modules/view.xsd
16.         http://schema.qcadoo.org/modules/menu
17.         http://schema.qcadoo.org/modules/menu.xsd
18.         http://schema.qcadoo.org/modules/localization
19.         http://schema.qcadoo.org/modules/localization.xsd">
20.     <information>
21.         <name>Device Module</name>
22.         <description>Device-Description</description>
23.         <vendor>
24.             <name>Device Corp</name>
25.             <url>http://www.qcadoo.com/</url>
26.         </vendor>
27.         <!--开源协议-->
28.         <license>AGPL</license>
29.     </information>
30.     <!--依赖包-->
31.     <dependencies>
32.         <dependency>
33.             <plugin>basic</plugin>
34.         </dependency>
35.     </dependencies>
36.     <modules>
37.         <localization:translation path="locales" />
38.         <model:model model="device" resource="model/device.xml" />
39.         <menu:menu-category name="device" />
40.         <menu:menu-item name="devices" category="device"
41.             view="devicesList" />
```

```
42.            <view:view resource="view/devicesList.xml" />
43.            <view:view resource="view/deviceDetails.xml" />
44.            <view:resource uri="public/**/*" />
45.        </modules>
46.    </plugin>
```

微课

java 事件

7. Java 事件

（1）创建自定义方法服务

① 服务结构。

自定义方法服务基本上是普通的 Java 类，唯一的附加元素是 Spring 的“@Service”注释。

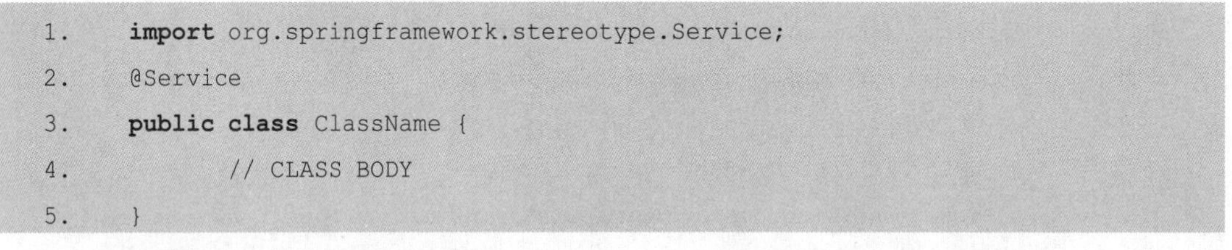

```
1.    import org.springframework.stereotype.Service;
2.    @Service
3.    public class ClassName {
4.           // CLASS BODY
5.    }
```

② 附加服务。

在创建的服务中，可以访问许多附加服务，如表 6-8 所示，这些附加服务有助于操作数据或视图。可以通过 Spring 的“@Autowired”注释访问附加服务。

```
1.    import org.springframework.beans.factory.annotation.Autowired;
2.    ...
3.        @Autowired
4.        private ServiceType setviceName;
```

表 6-8　附加服务

服务	服务名称	描述
DataDefinitionService	数据服务	此服务提供有关实体模型和数据库操作访问的信息
TranslationService	翻译服务	此服务用于执行用户语言的翻译
SecurityService	安全服务	此服务允许访问有关当前用户的信息

③ 自定义验证器。

模型使用自定义验证程序来验证实体。自定义验证器方法具有以下结构。

```
1.    public boolean validatorMethodName(final DataDefinition dataDefinition，  final
Entity entity) {
2.            // VALIDATOR METHOD BODY
3.    }
```

- validatorMethodName：方法名称。
- dataDefinition：数据已验证实体的定义。
- entity：要验证的实体。

④ Model hooks。

Model hooks 是在特定模型操作（在 XML 文件中定义）上执行的方法。Model hooks 方法具

有以下结构。

```
1.    public void modelHookMethodName(final DataDefinition dataDefinition,  final Entity entity) {
2.            // MODEL HOOK BODY
3.    }
```

- modelHookMethodName：方法名称。
- dataDefinition：数据已验证实体的定义。
- entity：要验证的实体。

⑤ View hooks。

View hooks 是在将请求发送到服务器时始终执行的方法。View hooks 方法具有以下结构。

```
1.    public void viewHookMethodName(final ViewDefinitionState state) {
2.            // VIEW HOOK BODY
3.    }
```

- viewHookMethodName：方法名称。
- state：视图状态。

⑥ View listeners。

View listeners 是在触发指定事件时执行的方法。View listeners 方法具有以下结构。

```
1.    public void viewListenerMethodName(final ViewDefinitionState state,  final ComponentState componentState,  final String[] args) {
2.            // VIEW LISTENER BODY
3.    }
```

- viewListenerMethodName：方法名称。
- state：视图状态。
- componentState：触发事件的组件状态。
- args：事件参数数组。

（2）数据访问

qcadoo 框架为数据库实体提供了一个通用的 CRUD 层。它的所有方法都包含在 DataDefinition 接口中。若要获取数据定义对象的问题实例，则应使用 dataDefinitionService.get（String, String）方法。

① CRUD 操作。

```
1.    DataDefinition dd = dataDefinitionService.get("plugin",  "model");
2.    Entity newEntity = dd.create();
3.    newEntity.setField("name",  "xxx");
4.    Entity savedEntity = dd.save(newEntity);
5.    if(savedEntity.isValid()) {
6.        Entity existingEntity = dd.get(savedEntity.getId());
7.        existingEntity.setField("name",  "yyy");
8.        dd.save(existingEntity);
```

```
9.         dd.delete(existingEntity.getId());
10.    }
```

② 通过 HQL 查找数据。

```
1.     DataDefinition dd = dataDefinitionService.get("plugin",  "model");
2.     SearchResult result = dd.find("where name = :name").setString("name",  "xxx").
list();
3.     for(Entity e : result.getEntities()) {
4.         // ...
5.     }
```

③ 按条件查找数据。

```
1.     DataDefinition dd = dataDefinitionService.get("plugin",  "model");
2.     SearchResult result = dd.find().add(SearchRestrictions.eq("name",  "xxx").list();
3.     for(Entity e : result.getEntities()) {
4.         // ...
5.     }
```

本任务中，用户定义的 DeviceService 服务（\src\main\java\com\qcadoo\mes\device\DeviceService.java）如下。

```
1.     package com.qcadoo.mes.device;
2.     import java.math.BigDecimal;
3.     import java.util.Date;
4.
5.     import org.springframework.beans.factory.annotation.Autowired;
6.     import org.springframework.stereotype.Service;
7.
8.     import com.qcadoo.model.api.DataDefinition;
9.     import com.qcadoo.model.api.DataDefinitionService;
10.    import com.qcadoo.model.api.Entity;
11.    import com.qcadoo.security.api.SecurityService;
12.    import com.qcadoo.view.api.ComponentState;
13.    import com.qcadoo.view.api.ViewDefinitionState;
14.
15.    @Service
16.    public class DeviceService {
17.        @Autowired
18.        private DataDefinitionService dataDefinitionService;
19.        @Autowired
20.        private SecurityService securityService;
21.
22.        public void setDeviceInitialValue(final ViewDefinitionState state) {
```

```
23.           ComponentState description = (ComponentState) state.getComponentBy
Reference("description");
24.           if(description != null) {
25.               if(description.getFieldValue() == null) {
26.                   description.setFieldValue("无");
27.               }
28.           }
29.       }
30.   }
```

在页面定义中，用户在 hooks 中定义了事件。

```
1.      <hooks>
2.          <beforeRender class="com.qcadoo.mes.device.DeviceService"
3.           method="setDeviceInitialValue" />
4.      </hooks>
```

在/src/main/resources/root-context.xml 中定义服务包路径。

```
1.    <?xml version="1.0" encoding="UTF-8"?>
2.    <beans xmlns="http://www.springframework.org/schema/beans"
3.        xmlns:xsi="http://www.w3.org/2001/XMLSchema-instance"
4.        xmlns:context="http://www.springframework.org/schema/context"
5.        xsi:schemaLocation="
6.           http://www.springframework.org/schema/beans
7.           http://www.springframework.org/schema/beans/spring-beans-3.0.xsd
8.           http://www.springframework.org/schema/context
9.           http://www.springframework.org/schema/context/spring-context-3.0.xsd">
10.       <context:component-scan base-package="com.qcadoo.mes.device" />
11.   </beans>
```

8. 安装调试

切换到插件 mes-plugins-device 文件夹中，用鼠标右键选中“Git Bash”，输入以下命令。

```
$ mvn clean install
```

编译成功后，会生成\target\mes-plugins-device-1.5-SNAPSHOT.jar 插件包，如图 6-41 所示。

```
[INFO] Installing D:\qcadoo\mes\mes-plugins\mes-plugins-device\target\mes-plugin
s-device-1.5-SNAPSHOT.jar to D:\qcadoo\maven\repo\com\qcadoo\mes\mes-plugins-dev
ice\1.5-SNAPSHOT\mes-plugins-device-1.5-SNAPSHOT.jar
[INFO] Installing D:\qcadoo\mes\mes-plugins\mes-plugins-device\pom.xml to D:\qca
doo\maven\repo\com\qcadoo\mes\mes-plugins-device\1.5-SNAPSHOT\mes-plugins-device
-1.5-SNAPSHOT.pom
[INFO] ------------------------------------------------------------------------
[INFO] BUILD SUCCESS
[INFO] ------------------------------------------------------------------------
[INFO] Total time: 26.292 s
[INFO] Finished at: 2021-11-18T13:38:44+08:00
[INFO] Final Memory: 41M/464M
[INFO] ------------------------------------------------------------------------
```

图 6-41　生成插件包

安装插件有以下两种方式。

在浏览器中打开 qcadoo MES，登录管理员账号，并在导航界面中选择“管理-插件”选项，进入插件界面。单击“上传”按钮，选择 mes-plugins-device-1.5-SNAPSHOT.jar 文件并上传。选择插件列表中的 device 插件，单击“开启”按钮，该插件的状态变为“有效”。服务器将重新启动并激活插件。

在服务器关闭时将 mes-plugins-device-1.5-SNAPSHOT.jar 文件复制到目录\mes\tomcat\webapps\ROOT\WEB-INF\lib 中以安装插件。这种方式是开发人员的首选。

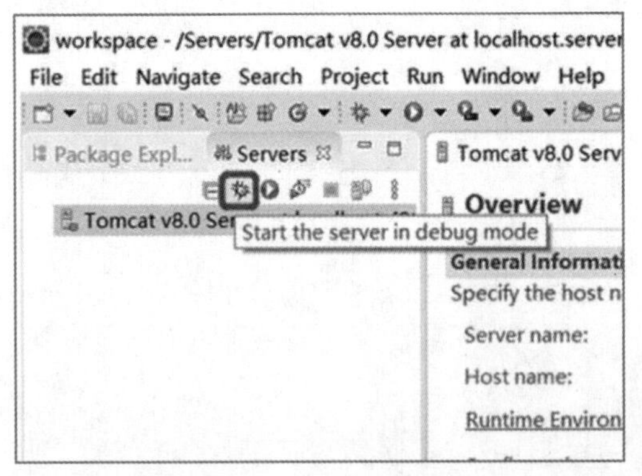

图 6-42　单击“Start the server in debug mode”图标

如果插件出现 Bug，则可以通过调试插件来查找并定位问题。

可以访问\mes\tomcat\logs 目录中的日志目录并打开相应的 LOG 文件夹。该文件夹中包含多种 LOG 文件，如 warn.log、root.log、plugin.log 等。

可以在 Eclipse 开发工具中单击“Start the server in debug mode”图标，如图 6-42 所示，以调试模式启动程序，然后在 Java 堆栈跟踪，其中含有解决问题所需的所有信息。

在导航界面中选择“设备-设备管理”选项，单击“新增”按钮，进入图 6-43 所示的界面，输入表单数据，然后单击“保存”按钮。查看 Eclipse 开发工具中 Console 输出的报错信息。

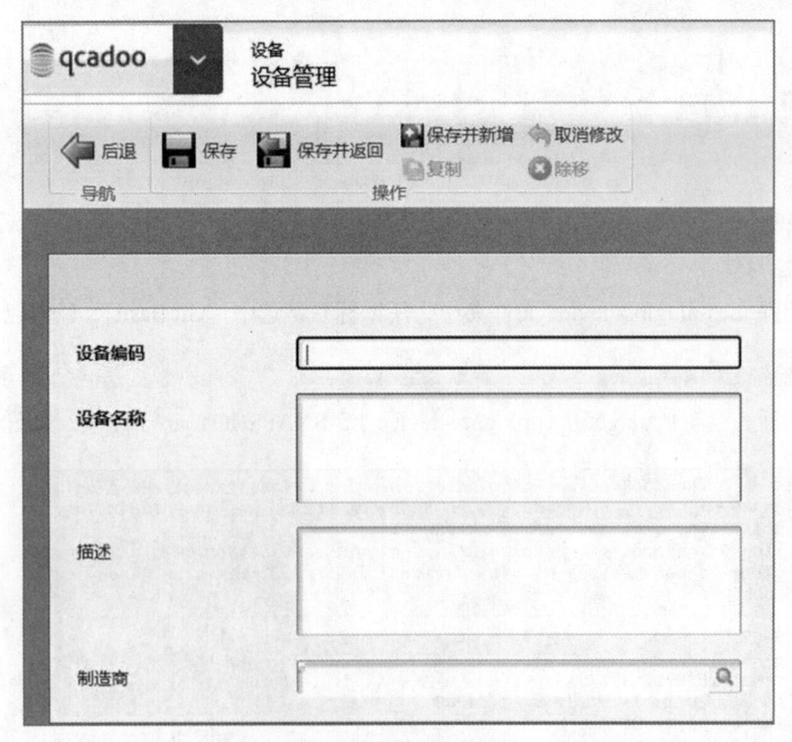

图 6-43　设备管理界面

6.2.5　任务检查与评价

任务实施完成后，进行任务检查与评价，检查评价单如表 6-9 所示。

表 6-9　检查评价单

项目名称	扮演系统运维管理员角色			
任务名称	设备管理插件的开发			
评价方式	可采用自评、互评、老师评价等方式			
说　　明	主要评价学生在任务 6.2 中的学习态度、课堂表现、学习能力等			
评价内容与评价标准				
序号	评价内容	评价标准	分值	得分
1	知识运用（20%）	掌握相关理论知识，理解本次任务要求，制订了详细计划，且计划条理清晰、逻辑正确（20 分）	20 分	
		理解相关理论知识，能根据本次任务要求制订合理计划（15 分）		
		了解相关理论知识，制订了计划（10 分）		
		没有制订计划（0 分）		
2	专业技能（40%）	能够快速完成 MES 插件的开发、显示以及应用调试，实验结果准确（40 分）	40 分	
		能够完成 MES 插件的开发、显示以及应用调试，实验结果准确（30 分）		
		能够完成 MES 插件的开发、显示以及应用调试，但需要帮助，实验结果准确（20 分）		
		没有完成任务（0 分）		
3	核心素养（20%）	具有良好的自主学习能力、分析并解决问题的能力，整个任务过程中有指导他人（20 分）	20 分	
		具有较好的学习能力、分析并解决问题的能力，整个任务过程中没有指导他人（15 分）		
		能够主动学习并收集信息，具有请教他人以解决问题的能力（10 分）		
		不主动学习（0 分）		
4	课堂纪律（20%）	设备无损坏、设备摆放整齐、工位保持整洁、没有干扰课堂秩序（20 分）	20 分	
		设备无损坏、没有干扰课堂秩序（15 分）		
		没有干扰课堂秩序（10 分）		
		干扰课堂秩序（0 分）		
总得分				

6.2.6　任务小结

本任务通过开发设备管理插件，帮助读者了解 MES 插件的开发流程，掌握在 MES 的基础上进行插件的开发、显示以及应用调试的方法。任务 6.2 思维框架如图 6-44 所示。

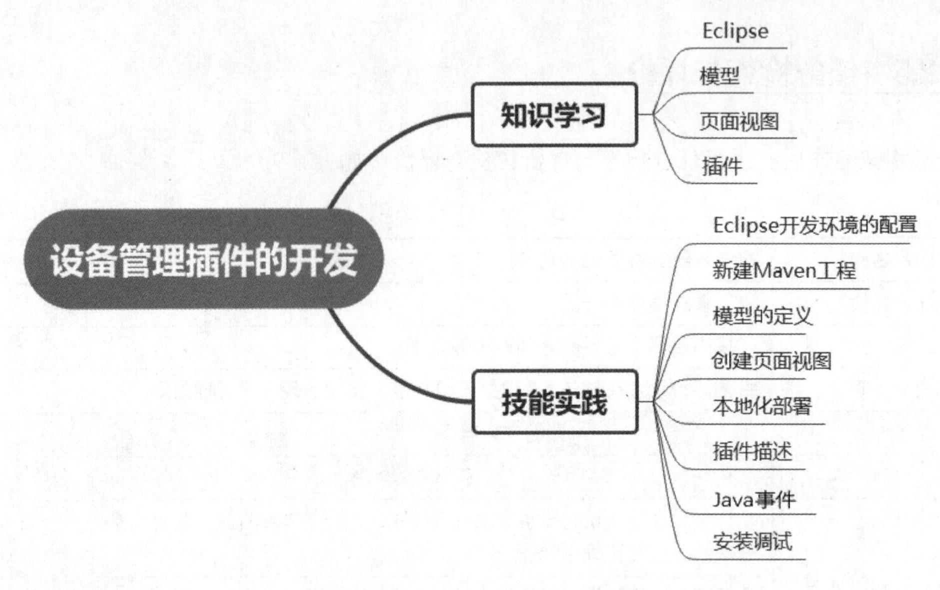

图 6-44　任务 6.2 思维框架

思考与练习

① 简述 MES 的部署流程。

② 简述 MES 插件开发的流程。

③ 根据 MES 插件的开发流程，开发质量管理插件。